**머릿속에 쏙쏙!
감염병 노트**

머릿속에 쏙쏙!

감염병 노트

사마키 다케오, 마스모토 데루키 지음

송제나 옮김

시그마북스
Sigma Books

머릿속에 쏙쏙! 감염병 노트

발행일 2023년 8월 7일 초판 1쇄 발행
지은이 사마키 다케오, 마스모토 데루키
옮긴이 송제나
발행인 강학경
발행처 시그마북스
마케팅 정제용
에디터 양수진, 최연정, 최윤정
디자인 김문배, 강경희

등록번호 제10-965호
주소 서울특별시 영등포구 양평로 22길 21 선유도코오롱디지털타워 A402호
전자우편 sigmabooks@spress.co.kr
홈페이지 http://www.sigmabooks.co.kr
전화 (02) 2062-5288~9
팩시밀리 (02) 323-4197
ISBN 979-11-6862-155-8 (03470)

독자 여러분께

······················

이 책은 다음과 같은 사람을 대상으로 쓴 책이다.

- **우리 주변에 가득한 감염병을 알고 싶다!**
- **우리가 자주 걸리는 감염병이 어떤 병원체고, 어떤 경로를 거쳐 감염되며, 어떤 증상이 나타나는지를 되도록 쉽게 알고 싶다!**

    감염병은 바이러스, 세균, 곰팡이, 기생충 등에 감염되어 걸리는 병으로, 그 병원체는 실로 다양하다.

    이 책에서는 대부분의 사람이 걸리는 익숙한 질환인 감기는 물론 자칫 목숨을 잃을 수도 있는 위험한 감염병까지 모조리 다룬다.

    중요한 감염병만 해도 종류가 이렇게나 많다. 게다가 감염병마다 알려지지 않은 뜻밖의 사실이나 오해도 많은 듯하다.

    하지만 모든 일에서 그렇듯, 감염병을 생각할 때 역시 언제나 기본으로 돌아가 밑바탕을 단단하게 다져두어야 실제로 병에 걸렸을 때 대비할 수 있다. 그래서 「제1장. 감염병과 병원체의 기본을 알아보자」라는 장을 마련했다. 기본 지식을 쌓는 것은 조금 따분할 수도 있지만, 가장 효과적이라고 생각한다.

이 책의 집필 및 편집 작업은 2019년 중국 우한시에서 시작된 신종 코로나바이러스 감염증으로 전 세계가 한창 혼란에 빠져 있던 시기에 이루어졌다.

어떤 식으로 바이러스가 퍼져나가는가, 감염을 막으려면 어떤 방법이 효과적인가, 날마다 다양한 방법이 시도되었다.

이 중에는 중세 유럽에서 시작된 검역과 같은 오래된 방식부터 mRNA 백신, 벡터 백신처럼 실용화되기까지 10년 넘게 걸리리라고 예상됐던 새로운 기술도 있다.

저자 일동은 이러한 기술과 방식의 기본을 이해해두는 것은 헛소문에 휘둘리지 않는 힘이 될 뿐 아니라 잘못된 판단으로부터 우리를 지키는 데도 도움이 되리라고 믿는다.

사실 이 책은 2019년 1월에 발행되어 큰 호평을 받은 덕분에 여러 번 증쇄된 『머릿속에 쏙쏙! 미생물 노트』(사마키 다케오 저, 김정환 역, 시그마북스, 2020)의 자매서로 기획되었다.

총 여섯 장으로 구성된 이 미생물 책 중 「제5장. 식중독을 일으키는 미생물이 있다」, 「제6장. 병을 일으키는 미생물이 있다」는 그야말로 '감염병'을 설명한 장이다. 신종 코로나바이러스의 세계적 유행으로 감염병이 주목받는 가운데 오로지 감염병만 다룬 책을 만들어야겠다고 생각했다.

이 책의 저자들은 과학을 좋아하는 사람들을 위한 잡지 『이과 탐험(RikaTan)』의 편집장과 편집위원이다.

이 책은 중 · 고 · 대학교, 입시학원 등에서 과학을 가르치는 사람들이 전문가와 일반인을 연결하여 보통 사람에게 과학을 최대한 쉽게 전달하겠다는 과학 커뮤니

케이션 활동의 일환으로 만들어졌다.

  이 책은 내용 면에서 오류가 없는 동시에 이해하기 쉽게 쓰려고 노력했다.
  만일 감염병이 의심되는 증상이 나타났을 때는 이 책의 내용만으로 섣불리 진
단하지 말고, 반드시 신뢰성 있는 표준 의료를 제공하는 의료 기관에 내원하기를
당부하고 싶다. 또 불분명하거나 불안한 점이 있으면 가장 새로운 공식 정보를 참
조하자.

  마지막으로 과학 비전공자의 관점에서 이 책의 편집 작업에 힘을 쏟아준 아스카
출판사의 편집 담당 다나카 유야 씨에게도 고맙다는 말을 전한다.

2021년 7월

편저자 사마키 다케오, 마스모토 데루키

차례

제 3 장   식중독을 일으키는 감염병

제 4 장   어린아이가 잘 걸리는 감염병

제 5 장   성관계로 잘 걸리는 감염병

제 6 장   세계를 위협해온 바이러스 감염병

제 7 장   세계를 위협해온 세균·원충·기타 감염병

제 8 장　지금도 세계를 바꾸는 감염병과 시민 생활

제 1 장

감염병과 병원체의
기본을 알아보자

01

감염병이란 대체 무엇일까?

감염병이란 대체 무엇이며, 전염병과는 무엇이 다를까. 우선 기본이 되는 명칭의 차이와 구분법을 알아보자.

인간은 미생물과 공생한다

우리 몸에는 수없이 많은 미생물이 산다. 이러한 미생물은 우리 몸의 노폐물을 분해하거나 면역 기능과 조화를 이루며 살고 있어서, 대부분 질병을 일으키지 않는다. 이 중에는 유산균, 비피두스균처럼 인간과 공생함으로써 우리 몸의 균형을 유지해주는 미생물도 있다.

미생물 중에서 감염되었을 때 급격히 증식하거나 독소를 생산해 병이 생기게 하는 일부 미생물을 **병원체**라고 한다.

감염이란 생물의 몸 안팎에 병원체가 기생하거나 증식하는 일이고, 이로 인해 걸리는 병을 **감염병**이라고 한다.

과거에는 원인이 밝혀지면 **질병**, 밝혀지지 않으면 **증후군**이라는 인식에서 감염병과 감염증을 구분해 부르기도 했지만, 현재는 크게 구분하지 않는다.

감염병과 감염 경로

감염병에 걸리는 경로에는 공기 감염, 비말 감염, 접촉 감염, 매개물

감염, 혈액 감염 등이 있다.[1]

병원체를 포함한 비말이 기침 등으로 방출되면 공기 중에서 수분을 잃고 건조한 미립자로 변한다. 이를 **비말핵**이라고 한다. 병원체는 대개 산소에 약하므로 비말핵이 되면 전염력을 잃지만, **공기 감염**은 비말핵 속에 들어 있어도 병원성을 잃지 않는 병원체에 감염되는 것으로 전염력이 가장 높다. 공기로 감염되는 대표적인 감염병은 홍역, 수두, 결핵 등이다.

비말 감염은 독감, 감기 등의 대표적 감염 경로로, 기침이나 재채기를 할 때 나오는 작은 물방울이 호흡기로 들어가거나 눈을 비롯한 점막에 붙어 감염된다.

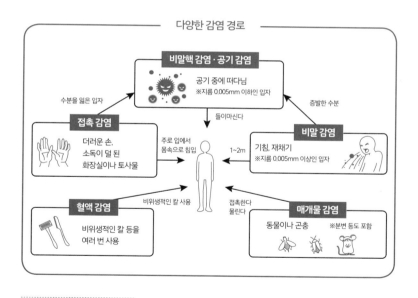

---

1   의학에서는 혈액 외에도 땀을 제외한 분비물, 체액이나 배설물, 점막 등을 '습성 생체 물질'이라고 하여 감염성이 있다고 보지만, 여기서는 간략하게 설명했다.

매개물 감염은 경구 감염과 모기 등에 의한 곤충 매개 감염을 포함하는데, 감염 대책을 세울 때는 곤충 매개 감염을 별개의 감염으로 다룬다.

혈액 감염은 병원체 등을 포함하는 혈액이 상처나 점막 등의 체내에 들어감으로써 일어나는 감염이다. 감염병 중에서 혈액을 매개로 걸리는 대표적 질환은 B형간염, C형간염, 사람면역결핍바이러스(HIV)다.

감염병과 전염병

감염병과 전염병을 구별하지 않고 쓰는 경우가 많으나 엄밀히 따지면 두 용어는 차이가 있다. '감염병'은 병원체가 생물의 몸에 들어와 증식함으로써 발생하지만, 모든 감염병이 다른 생물에게 옮는 것은 아니다. 감염병 중에서도 생물 간의 접촉이나 물 또는 공기를 통해 옮을 수 있는 질병을 '전염병'이라고 부른다.

한국은 1954년 전염병예방법을 제정했다. 하지만 전염성이 매우 낮은 일부 질병까지 전염병이라고 표현하는 것은 불필요한 공포심을 유발한다는 의견에 따라, 2010년 보건복지부는 전염병예방법과 기생충질환예방법을 '감염병의 예방 및 관리에 관한 법률'로 통합하면서 전염병을 보다 포괄적인 명칭인 감염병으로 변경했다. 이리하여 차츰 사람에게는 전염병이란 용어를 쓰지 않게 되었다.

02

바이러스란 무엇일까?

바이러스가 원인인 감염병은 인플루엔자, 감기, 풍진, 홍역, 에이즈 등으로 매우 다양하다. 공기나 체액, 토사물, 재채기 같은 비말, 또는 직접 접촉으로 감염된다.

광학 현미경으로는 보이지 않는다

바이러스의 크기는 20~1,000nm 정도고 세균의 크기는 1~5μm이므로,[1] 바이러스는 세균보다 훨씬 작다. 바이러스는 대부분 300nm 이하로 아주 작아서 고배율의 전자 현미경으로만 볼 수 있다.[2]

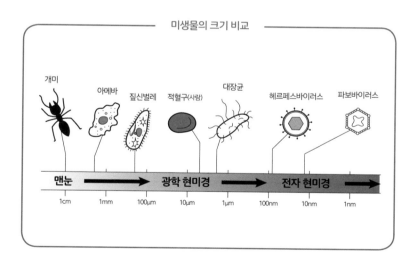

미생물의 크기 비교

---

1 1μm는 1mm의 1,000분의 1, 1nm는 1mm의 100만분의 1.
2 현재는 세균보다 큰 거대 바이러스가 잇달아 발견되고 있다.

바이러스의 형태는 아름답다

바이러스는 기본적으로 입자 중심에 있는 유전 물질인 **바이러스 핵산**(DNA 또는 RNA)과 이를 둘러싼 **캡시드**란 단백질 껍질로 구성된다.

캡시드 주위를 단백질과 지질로 이루어진 **엔벌로프**('봉투'라는 의미)라는 막이 다시 한번 둘러싼 바이러스도 있다. 신종 코로나바이러스가 그렇다. 신종 코로나바이러스의 외피 표면에는 곤봉처럼 생긴 스파이크(돌기 단백질)가 무수히 나 있다. 코로나란 태양 표면의 코로나를 말하며 왕관을 의미하기도 한다. 즉 구형 표면에 곤봉 모양의 스파이크가 난 형태를 코로나라고 한다.

바이러스의 형태는 구형, 원통형, 다면체, 어쩐지 우주선처럼 복잡하게 생긴 것까지 다양하다. 가장 흔한 다면체형 캡시드는 정이십면체[3]로, 겨울철 유행하는 식중독의 원인인 노로바이러스가 바로 이 형태다.

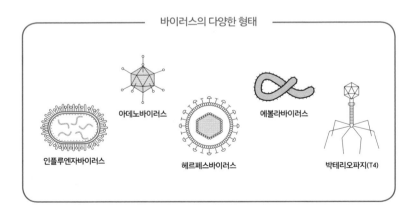

바이러스의 다양한 형태

아데노바이러스

에볼라바이러스

인플루엔자바이러스

헤르페스바이러스

박테리오파지(T4)

---

3 정이십면체의 각 꼭짓점을 잘라내면 축구공(깎은 정이십면체)이 된다.

바이러스에는 세포라는 구조가 없다

바이러스는 독립하여 살아갈 수 없다. 단백질을 만드는 자기만의 공장이 없으므로 살아 있는 세포를 감염시키고, 그 숙주 세포의 단백질 공장을 이용하여 살아간다. 구조는 매우 단순한데, 유전자와 이를 감싸는 단백질로 되어 있다.

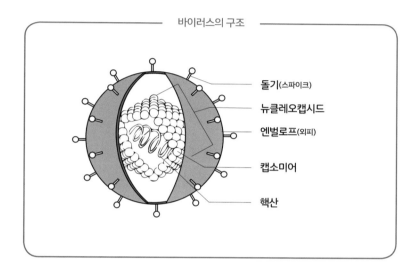

바이러스의 구조

- 돌기(스파이크)
- 뉴클레오캡시드
- 엔벌로프(외피)
- 캡소미어
- 핵산

세균(박테리아)도 병을 일으키는 원인이지만, 세균은 생물이다. 세균처럼 명확하게 생물이라고 말할 수 있는 것에는 세포 구조가 있지만, 바이러스에는 세포라는 구조가 없다. 그래서 바이러스는 세포 구조가 없고 단독으로 증식하지 못한다는 점에서 비생물로 분류된다.[4]

이렇게 바이러스는 세포라는 구조가 없으므로 생물이 아니기도

---

4 그러나 유전 물질이 있고 세포를 감염시켜 그 대사계를 이용하면 개체 수를 늘릴 수 있으므로 바이러스를 미생물이라고 주장하는 학자도 있다.

하고, 유전자가 있어 자손을 남길 수 있으므로 생물이기도 한 불가사의한 존재다.

바이러스 감염

바이러스는 우리 주위에 가득하나 반드시 감염을 일으키지는 않는다. 여태까지 주로 병원성을 띤 바이러스가 연구된 탓에 바이러스라고 하면 늘 해로운 이미지가 따라다니기 마련이지만, 사실 대부분의 바이러스에는 병원성이 없다.[5]

병원성을 띤 바이러스 감염은 바이러스가 세포에 달라붙어 침입해야만 일어난다. 바이러스에 감염된 상대 생물을 **숙주(호스트)**라고 한다. 세포가 없는 바이러스는 단일 개체로는 복제되지 않으므로, 증식하려면 반드시 다른 생물의 세포에 들어가야 한다.

다른 생물의 세포에 침입하는 셈이니 세포 어딘가에는 분명히 입구가 있다. 인체의 표면인 피부, 호흡기, 감각기, 생식기, 항문, 요도가 곧 침입하는 입구가 된다. 침입한 바이러스는 바로 증식하기 시작해 혈액을 타고 온몸으로 퍼진다. 바이러스마다 선호하는 부위가 다르므로 그곳에 도착하면 바이러스의 수는 점점 더 불어난다.

당연히 바이러스 증식에 이용된 세포는 죽게 된다. 세포가 많이 죽으면 조직이 크게 손상되어 병에 걸린다. 그리고 바이러스는 자식 바이러스를 대량으로 만든 후, 세포 밖으로 튀어 나가서 새로운 세포를 찾

---

5   현재 확인된 바이러스는 아종까지 포함해 5,000만 종 이상이라고 한다. 이 중 수백 종이 사람에게 병을 유발한다고 추정된다.

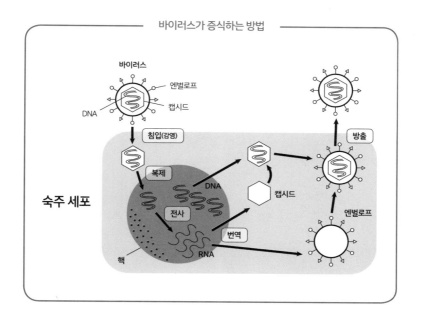

바이러스가 증식하는 방법

아내 또다시 감염시킨다.

유익한 바이러스, 박테리오파지

바이러스 중에는 세균에 감염해 증식하는 바이러스가 있다. 이런 바이러스들을 합쳐서 **박테리오파지**(일명 파지)라고 부른다. 그리스어로 '세균을 먹는 것'이라는 뜻이다.

　파지는 숙주를 엄격하게 선택하기 때문에 목적인 병원균만을 죽일 수 있고, 항생제처럼 다제내성균을 만들지도 않는다. 이리하여 현재 파지를 이용하여 병원균을 물리치는 항세균 약품을 개발 중이며, 항생제로는 치료하기 어려운 탄저균과 같은 생물학 무기를 무독화하는 방안도 연구되고 있다.

세균이란 무엇일까?

세균이 원인인 감염병은 미리 백신을 맞거나 항생제를 이용해 치료하는데, 오늘날에도 아직 수많은 질병이 세균에 의해 발생한다. 세균이란 어떤 생물일까.

세균의 발견

17세기 말경, 네덜란드의 직물 상인 레이우엔훅(1632~1723)은 유리공을 연마해 손수 현미경을 만들었다. 그리고 이 현미경을 사용해 맨눈으로는 보이지 않는 아주 작은 세계를 닥치는 대로 관찰한 다음, 자세히 스케치했다.

그 결과 레이우엔훅은 플랑크톤과 혈액 속 혈구는 물론, 급기야 침 속에서 꿈틀대는 엄청난 양의 미생물을 발견했다.

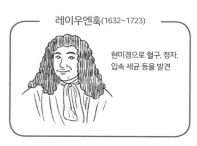

레이우엔훅(1632~1723)

현미경으로 혈구, 정자, 입속 세균 등을 발견

당시 '생물은 저절로 생긴다'는 자연발생설과 '생물은 반드시 같은 종의 부모에게서 태어난다'는 생물발생설, 두 가지 설이 대립하고 있었다. 파리가 소고기에 알을 낳지 않으면 소고기엔 구더기가 생기지 않는다는 사실은 증명되었지만, 눈에 보이지 않는 미생물에 관해서는 자연발생설을 완전히 부정하기가 어려웠다.

1861년, 프랑스의 생화학자 **파스퇴르**(1822~1895)는 목이 구부러진 가늘고 긴 백조목 플라스크를 사용하여 생물이 자연적으로 발생하지 않는다는 사실을 증명했다.

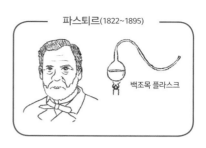

파스퇴르(1822~1895)

백조목 플라스크

그리고 19세기가 끝날 무렵에는 '감염병의 원인이 미생물'이라는 사실이 밝혀졌다. 독일의 세균학자 **로베르트 코흐**(1843~1910)가 탄저균을 시작으로 결핵균, 콜레라균 등의 병원균(세균)을 발견했고, 일본에서도 **기타자토 시바사부로**(1853~1931)가 페스트균을, **시가 기요시**(1871~1957)가 이질균을 발견했다.

코흐(1843~1910)

탄저균, 결핵균, 콜레라균을 발견

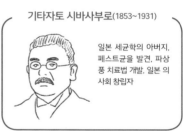

기타자토 시바사부로(1853~1931)

일본 세균학의 아버지, 페스트균을 발견, 파상풍 치료법 개발, 일본 의 사회 창립자

지구 곳곳에 사는 세균

세균은 광학 현미경으로 볼 수 있는 아주 작은 단세포 생물이

시가 기요시(1871~1957)

이질균을 발견, 이질균 의 학명(속명) 'Shigella' 는 시가 기요시의 성 '시가'에서 유래

다. 인간과 동물의 몸, 흙, 물속, 티끌, 먼지와 같은 익숙한 곳부터 상공 8,000m까지의 대기권, 수심 1만 m가 넘는 해저, 남극의 얼음 등

지구 곳곳에 살고 있다. 특히 비옥한 흙과 물속에 많으며 흙 1g 속에는 30억 마리가 넘는 세균이 산다.

세균은 현재 알려진 종만 약 7,000종, 발견되지 않은 종까지 포함하면 100만 종 이상이라고 한다.

이 중에는 병원성을 띠는 세균이 있다. 이질, 장티푸스, 콜레라, 파상풍, 디프테리아 등은 세균이 일으키는 질병이다. 특히 식중독의 원인은 대개 세균이다. 장염비브리오, 살모넬라균, 보툴리누스균, 포도상구균 등이 식중독을 일으키는데, 이 세균들로 오염된 식품은 대부분 가열해도 세균이 내뿜은 독소가 분해되지 않으므로 위험하다.

세균의 모양과 형태

세균의 세포는 유전 물질인 DNA를 담아두는 핵막이 없기 때문에 DNA는 세포 내에서 노출된 상태로 적당히 세포의 중심 부근에 모여 있다. 이와 같은 세포를 **원핵세포**라고 한다.[1] 원핵세포에는 리보솜이라는 RNA와 단백질로 구성된 둥근 알갱이가 있어서 이곳에서 단백질을 합성한다.

세포는 단단한 세포벽으로 둘러싸여 있는데, 그중에는 편모나 섬모가 나 있어 운동하는 세포도 있다. 세균은 대부분 공(구균)이나 막대(간균)처럼 생겼으며 그 밖에는 구불구불 나선처럼 생긴 균(나선균)이 있다.

---

1 한편 인체의 세포는 진핵세포다. 핵이 핵막에 싸여 있고 리보솜 외에도 세포 소기관을 가지고 있다.

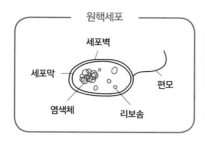
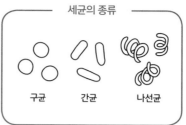

세균은 종류에 따라서 그 배열 형태가 독특한 균이 많다. 예를 들면 구균 중에는 세균이 포도알 모양으로 모인 균(포도상구균), 진주 목걸이처럼 연결된 균(연쇄구균) 등이 있다.

아포를 만드는 세균

일부 세균(병원균 중에는 파상풍균, 보툴리누스균, 웰치균, 탄저균 등)은 발육 환경이 나빠지면 몸 안에 건조·열·약품 등에 강한 아포라는 구조체를 만든다. 아포의 내부는 극도로 압축되어 있어서 수분 함량이 30% 정도로 적고, 층이 두껍고 튼튼하여 내부로 물이 침투하기 어렵다.

아포인 채로는 개체 수를 늘릴 수 없지만, 생존에 적합한 환경이 되면 내부에 수분이 침투하여 또다시 증식하기 시작한다.

증식할 수 있는 보통 상태의 세균을 **영양형**, 아포를 내구형 또는 **휴면형**이라고 한다.

세균이 증식하는 방식과 종류에 따른 구별

세균은 가운데에서 둘로 나뉘어 완전히 똑같은 개체가 두 개 만들어지는 **분열**이란 방식으로 증식한다. 영양분이 충분하게 공급되고, 온도, pH(수소 이온 농도)가 적당하면 세균은 대부분 30분에 한 번꼴로 끊임없이 분열한다.

고형 배지에서 20시간 이상 지나면 세균 수는 10억에서 100억 개로 불어나 맨눈으로 볼 수 있을 만큼 커다란 세균 집락(콜로니)을 이룬다.

세균은 크게 산소가 있어야만 증식하는 **호기성균**(산소호흡을 하는 세균), 산소가 있으면 증식하지 못하는 **혐기성균**, 산소가 있든 없든 상관없이 증식하는 **통성균**의 세 종류로 나뉜다.

이 중에서 질병의 원인이 되는 세균을 **병원 세균**이라고 한다. 병원 세균과 균류(병원 균류)를 합쳐서 **병원균**이라고 하며, 병원균과 바이러스 등을 합쳐서 **병원체**라고 한다.

04

진균감염병을 일으키는 진균이란 무엇일까?

곰팡이, 효모, 버섯을 진균이라고 한다. 이 중에서 압도적으로 많은 진균은 곰팡이다. 진균은 미생물 중에서 크기가 큰 편이며, 세포 구조는 세균보다 인간 세포 쪽에 훨씬 가깝다.

진균은 자연계에 널리 분포한다

현재 진균은 알려진 종만 해도 9만 1,000종에 달하는데, 아직 알려지지 않은 종이 이보다 10~20배나 더 많다고 한다.

이 중 사람에게 질병을 유발하는 **병원 진균**은 약 600종이다. 무좀 등을 일으키는 백선균, 질칸디다·칸디다기저귀피부염을 일으키는 칸디다가 우리 주변에 흔한 병원 진균이다.

진균은 대부분 땅속이나 물속, 말라버린 식물, 동물의 사체 등 자연계에 분포한다. 공기 중에 떠다니는 곰팡이 포자는 극지방에서 적도에 이르기까지 지구 어디에나 있다.

진균의 세포핵은 핵막에 싸여 있다. 또 핵에는 미토콘드리아[1]와 소포체[2]가 있다. 세포 구조를 살펴보면 진균의 세포는 세균보다 인간 세포 쪽에 훨씬 가깝다.

---

1   산소 호흡하는 곳에서 생명 활동에 필요한 에너지를 추출하는 기능을 한다.
2   단백질을 합성하는 데 관여하는 알갱이처럼 생긴 리보솜이 표면에 많이 붙어 있는데, 리보솜은 합성한 단백질을 옮기는 운송로 역할을 한다.

곰팡이, 효모, 버섯은 활발하게 활동하는 동물과 명백히 다르므로, 과거에는 식물에 속한다고 분류되었다. 그러나 엽록체[3]가 없어서 기생해 생활하는 탓에, 현재는 생물 분류상 식물과도 구분한다. 곰팡이, 효모, 버섯은 균류인 진균의 사촌으로 분류한다.

곰팡이가 증식하는 방식

수많은 진균증의 원인인 곰팡이를 예로 들어보자. 곰팡이는 보통 **포자**로 증식한다. 포자가 발아하면 **균사**라는 가느다란 실처럼 생긴 몸이 자란다. 균사는 그물코 모양으로 갈라져 나오고 또다시 갈라져 나온 균사(균체) 끝에 포자가 만들어진다. 그리고 이 포자가 흩어지는 방식으로 개체 수를 늘려간다.

곰팡이와 버섯은 언뜻 전혀 다른 종처럼 보이지만, 포자를 만드는 장소로 자실체(버섯)를 만드느냐 만들지 않느냐의 차이만 있을 뿐, 둘 다 몸이 균사라는 가느다란 실로 된 사촌지간이다. 버섯도 자실체를 만들지 않을 때는 곰팡이처럼 그물코 모양의 균사체로 지낸다.

무좀의 원인인 백선균은 곰팡이처럼 생긴 진균이다. **효모**는 진균 중에서 실처럼 길어지지 않고 세포가 구형 또는 달걀형이며, 출아 또는 이분법으로 증식하는 것이다. 효모가 늘어나면 흩어져 있던 세포가 모여서 끈적끈적하고 둥근 덩어리가 된다.

효모는 발효에 이용되는 등 실생활에서 중요한 역할을 하므로 곰

---

3 녹색을 띤다. 빛에너지를 흡수해 광합성을 함으로써 이산화탄소와 물로 포도당 등을 만든다. 동물 세포에는 없다.

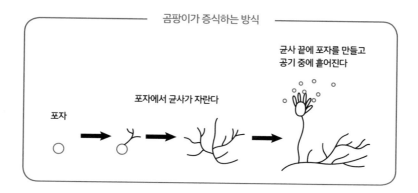

곰팡이가 증식하는 방식

포자

포자에서 균사가 자란다

균사 끝에 포자를 만들고
공기 중에 흩어진다

팡이와 구별한다.[4]

인간에게 재앙을 가져다주는 곰팡이

곰팡이가 유발하는 병 중에서 가장 흔한 질환은 국민병이라고 해도
지나치지 않은 **피부진균증**이다. 무좀, 체부백선, 고부백선(사타구니),
두부백선과 같은 피부진균증의 원인은 백선균(피부사상균)[5]이다.

곰팡이가 인간에게 달라붙어 생기는 질환은 피부 표면에 생기는
피부진균증뿐만이 아니다. 면역력이 약해진 피부의 각질층보다 깊은
피하, 근육, 혹은 내장까지 습격하는 심재성진균증이라는 질환도 있
다. 중증 기저질환자는 일반적으로 웬만해서는 병을 일으키지 않는
미생물이나 독성이 약한 미생물이 달라붙기만 해도 기회감염[6]을 일

4 맥주, 와인, 된장, 간장, 요구르트, 치즈 등의 발효 식품은 효모를 이용해 만든다. 참고로 칸디
다증의 원인인 칸디다(진균)는 효모처럼 생겼다.
5 「20. 백선균이 일으키는 진균증」 참조.
6 면역력이 저하했을 때 건강한 사람이라면 감염되지 않는 병원성이 약한 미생물에 감염되는
현상.「45. 에이즈」 참조.

으키기가 쉽다. 기회감염을 일으키는 주요 곰팡이(효모도 포함)는 칸디다, 아스페르길루스, 크립토코쿠스, 무콜의 네 종류다.

여기에서는 칸디다를 살펴보겠다.

칸디다는 습진, 피부 발진, 설사, 복통 등을 일으키는 칸디다증의 원인균이다. 이 중 가장 많은 균은 칸디다알비칸스라는 균인데, 이 균은 공기 중에 떠다니고, 우리 몸의 표피, 구강, 소화 기관, 질 등에 정상적으로 존재하는 균이다. 즉 누구나 가진 균이다.

건강한 몸이라면 전혀 문제가 되지 않지만, 면역력이 떨어져서 지나치게 증식하면 칸디다증을 일으킨다. 대표 질환은 여성에게 흔한 질칸디다증[7]이다.

---

7 흰색의 걸쭉한 냉이 많아지고 심한 가려움증을 동반하는 질환. 질 내 미생물 균형이 무너져, 칸디다가 비정상적으로 증식하여 발병한다. 여성의 약 20%가 경험한다고 한다.

05

원충감염병을 일으키는 원충이란 무엇일까?

중요한 원충감염병으로는 말라리아원충이 원인인 말라리아, 임신부에게 위험한 톡소포자충증, 여성의 질 감염병으로 잘 알려진 트리코모나스질염, 보통 점액성 혈변을 보는 아메바이질이 있다.

원충이 속한 원생생물

원충은 병원성 원생동물을 말한다. 대부분 원충은 숙주의 면역 체계를 교묘하게 피할 수 있으므로 효과적이면서 안전한 백신이나 치료약이 거의 없다.

그럼, 원생동물이란 어떤 생물일까.

과거에는 생물을 동물과 식물, 두 가지로 분류했다. 앞에서 살펴본 '곰팡이, 효모, 버섯(의학·수의학 분야에서는 병원체인 균류를 세균과 구별하여 진균이라고 부른다)'은 식물로, 짚신벌레와 아메바는 동물로 분류했다.

그런데 생물 다양성 연구가 활발해지면서 생물은 단순히 두 종류로 나뉘지 않는다는 사실이 드러났고, 이후 다양한 분류법이 나왔다.

지금 중·고등학교 과학에서는 생물을 원핵생물계(세균), 원생생물계(원생동물과 조류 등), 식물계, 균계(곰팡이·효모·버섯), 동물계의 다섯

가지로 구분하는 **5계설**을 가
르친다.[1]

　과거 중학교 과학에는 김,
미역과 같은 조류[2]를 식물의
사촌으로 분류했지만, 현재
의 중학교 과학 교과서에는
식물의 사촌이 아니라고 나
온다. 조류는 원생생물계에
속하기 때문이다.

생물의 분류 5계설

식물계　균계　동물계

조류　　원생동물
원생생물계

원핵생물계

　원생생물은 원생동물과 조류, 두 그룹을 포함한다. 원생동물은 짚신
벌레, 아메바처럼 '단세포로 생활하는 진핵생물', 조류는 '엽록체가
있어서 광합성을 하는 식물 이외의 진핵생물'을 말한다.

원충 이외의 기생충에 의한 감염병

기생충이란 사람이나 동물의 표면, 또는 몸속에 달라붙어(기생해) 음
식물을 가로채는 생물을 가리킨다. 원충도 기생충에 속한다.

　제2차 세계대전 후 일본에서는 수많은 사람이 기생충에 감염되었
다(약 60%가 회충, 약 5%가 십이지장충에 감염). 이후 농업 분야의 화학
비료 도입, 하수도 정비, 수세식 화장실 보급으로 위생 환경이 정비

1　최근에는 생물 전체를 세균 도메인, 고(古)세균 도메인, 진핵생물 도메인의 세 가지로 나누는 3
도메인설이 널리 인정받고 있다.
2　피눌라리아 엑시도비온타(돌말류), 해감, 클로스테리움, 다시다, 미역 등.

되고, 기생충 검사, 구충약 복용 등이 보편화하면서 감염자가 상당히 줄었다. 다만, 최근에는 미식 열풍으로 날음식과 수입 식품·자연식품 섭취가 많아지고 해외여행이 늘면서, 고래회충증[3], 회충증 같은 기생충 질환이 늘고 있다.

---

3 고래회충은 몸길이 2~3cm의 흰색 기생충으로, 고등어, 대구, 오징어 등의 내장 표면이나 근육 속에 실타래 상태로 기생한다. 고래회충증은 유충이 위벽과 장벽에 침투하여 식중독을 일으키는 병이다.

06

백신이란 무엇일까?

백신(예방접종)은 면역을 획득한 사람을 늘림으로써 병원체에 감염되는 것을 막는다. 백신을 접종 받으면 설사 감염되더라도 증상이 나타나거나 중증화하지 않는다.

미리 백신을 맞으면 항체가 생긴다

우리 몸에는 외부로부터 병원체나 독소 같은 이물질(항원)이 침입했을 때, 혈액 속에 그 항원의 작용을 억제하는 **항체**를 만들어 내보냄으로써 자신을 보호하는 기능이 있다.[1]

병원체를 약하게 만들거나 죽이거나 망가뜨려서 사람에게 접종해도 질병을 일으키지 않게 처리한 항원을 **백신**이라고 한다. 백신을 맞으면 몸속에 항체가 생기므로, 이후에 병의 원인이 되는 병원 미생물에 감염되더라도 증상이 없거나 가볍게 앓고 끝난다.

백신의 기원이 된 제너의 우두 접종

수많은 목숨을 앗아간 병 중에 천연두[2]가 있다. 천연두는 고열이 계속되고 얼굴과 팔다리에 발진이 생기는 병으로, 치사율은 10~20%

---

1 이와 같은 시스템을 면역이라고 부른다. 항체가 특정 항원에 작용하는 것을 항원 항체 반응이라고 한다.
2 「47. 천연두」 참조.

정도다.

영국의 의사 **제너**(1749~1823)는 "우두(소가 걸리는 천연두)에 한 번 걸린 사람은 천연두에 걸리지 않는다"라는 말을 듣고, 천연두에 걸린 소에서 고름을 채취해 사람에게 주사했다. 사람을 일부러 천연두에 걸리게 해 천연두를 예방하는 방법을 발견한 것이다.[3] 이는 1796년의 일로, 아직 질병의 원인이 되는 미생물의 정체가 밝혀지지 않았을 때였다. 제너는 병원 미생물이 발견되기도 전에 병원 미생물을 이용하여 전염병 예방 대책을 세웠다. 코흐가 병원 미생물을 발견한 때는 이로부터 80년이나 지났을 때의 일이다.

천연두 백신은 탁월한 효과를 보였고, 1980년 WHO는 지구에서 천연두가 사라졌다고 선언했다.

세계 규모의 백신 접종 확대 계획

천연두 종식에 성공하자 이를 본보기 삼아 폴리오(소아마비), 홍역, 디프테리아, 백일해, 파상풍, 결핵을 대상으로 세계 규모의 백신 접종 계획이 추진되어 큰 성과를 올렸다.

한편 국제화 시대를 맞이해 식료품 수입과 해외여행 기회가 늘어나면서, 동시에 콜레라, 폐렴, 말라리아 등 본국에서는 그다지 유행하지 않는 전염병에 걸릴 위험성도 커졌다. 나라에 따라서는 현지에서 유행하는 감염병 백신을 미리 맞아야 하며, 여행할 때 백신 접종이

---

3 백신이란 단어는 우두의 학명 Variolae vaccine의 뒷부분 vaccine(소)에서 유래했다. 유전자 해석을 통해, 제너가 백신을 만드는 데 사용한 바이러스가 마두바이러스였다는 사실이 밝혀졌다.

의무인 나라도 있다.

생백신과 사백신

제너가 발견한 우두법은 독성이 낮고 살아 있는 바이러스를 사용하는 방법이었다. 이러한 백신을 **생백신**이라고 한다.

생백신은 독성이 약하다고는 해도 감염과 똑같은 상태를 만들어 내므로 강한 면역을 얻을 수 있다. 하지만 부작용이 생기기도 한다. 과거에 일본에서 사용한 **폴리오(소아마비)** 생백신은 백신 투여 후 바이러스가 몸속에서 병원성을 강화하는 바람에 소아마비 증상이 나타나기도 했다.

이와 같은 부작용을 없애기 위해서 개발된 백신이 바로 **사백신(비활성화 백신)**이다. 사백신은 면역을 얻을 수 있지만, 병원성이 없다. 병원체를 약품 처리하여 죽이거나(비활성화하거나) 망가뜨려서 일부를 추

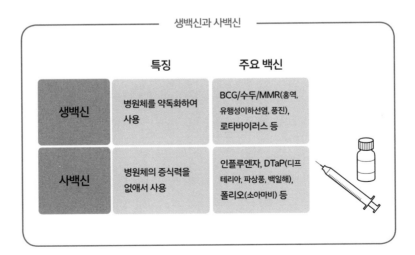

생백신과 사백신

	특징	주요 백신
생백신	병원체를 약독화하여 사용	BCG/수두/MMR(홍역, 유행성이하선염, 풍진), 로타바이러스 등
사백신	병원체의 증식력을 없애서 사용	인플루엔자, DTaP(디프테리아, 파상풍, 백일해), 폴리오(소아마비) 등

출하거나, 병원체를 만드는 독소를 비활성화하여 사용한다. 사백신에
는 병원체의 특징 물질이 어떤 형태로든 들어가 있다.

사백신은 생백신보다 약한 면역을 얻게 되므로 여러 번 접종해야
하는 백신도 있다.

코로나19로 주목받은 mRNA 백신

면역 체계가 연구되고 분자생물학과 유전자공학이 발전하면서, 새로
운 유형의 백신이 탄생했다. 그 대표 백신은 신종 코로나바이러스 백
신으로 2021년부터 접종하기 시작한 mRNA 백신이다.

우리 몸속에 있는 수만 종류의 단백질은 각기 다른 역할을 하는
데, 이 단백질을 만들 때 필요한 설계도가 바로 DNA다. mRNA는 이
설계도에서 필요한 부분만을 복사한 것이다.

지방막에 갇힌 mRNA 백신은 몸에 들어가 신종 코로나바이러스
백신의 스파이크 단백질을 만든다. 바이러스 본체는 만들지 않으므
로 백신을 맞아도 바이러스에 감염되지는 않는다. 백혈구의 일종이
스파이크 단백질의 특징을 기억하게 되므로 우리는 스파이크 단백질
을 공격하는 면역을 획득하고, 이로써 병이 예방된다.[4]

---

4 mRNA 백신의 장점은 무엇보다 개발 기간이 짧다는 점이다. 신종 코로나바이러스 감염증의
mRNA 백신은 1년도 안 되어 개발되었는데, 이론적으로는 단 몇 주 만에 개발할 수 있다고 한다.
또 임상 시험에서 백신의 예방 효과는 95%였다. 다만, mRNA는 열에 약하므로 mRNA 백신은 낮
은 온도에서 보관해야 한다.

백신이 가져오는 효과와 부작용의 균형

백신을 접종한 후에 접종 부위가 빨갛게 부어오르거나 열이 나는 등 **부작용**이 나타날 때가 있다.

　백신을 접종했을 때 겪게 되는 부작용과 백신을 접종하지 않아서 병에 걸리고 그 병이 심각해졌을 때의 위험성을 비교하면, 접종하지 않는 편이 훨씬 더 위험하다.

자궁경부암과 자궁경부암 백신

백신의 위험성을 보도할 때, 그 예시로 많이 등장하는 백신은 자궁경부암 백신이다.

　자궁경부암은 자궁[5] 입구의 **자궁경부**라는 부위에 발생하는 암이다. 초기에는 증상이 거의 없으므로 조기에 발견하려면 해마다 꼭 검진받아야 한다. 암이 진행되면 월경 이외의 시기나 성관계 후에 부정출혈이 나타나기도 한다.

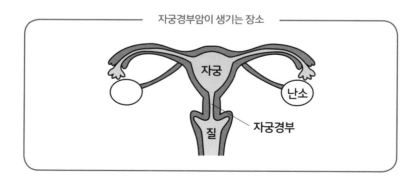

자궁경부암이 생기는 장소

5　임신했을 때 태아를 키우는 기관으로, 크기는 달걀만 하다.

일본에서는 매년 약 1만 명이 자궁경부암에 걸려서 자궁을 잃고, 약 3,000명이 세상을 떠난다. 더욱이 자궁경부암에 걸리는 나이대도 점점 낮아지고 있다.

자궁경부암의 원인은 대부분 **사람유두종바이러스(HPV)**[6]로, 200종류가 넘는 HPV 중 15종이 자궁경부암과 관련되어 있다. 이 중에 자궁경부암의 70% 정도를 차지하는 16형, 18형은 2가와 4가 백신으로도 예방할 수 있고, 9가 백신을 맞으면 자궁경부암을 90% 이상 예방할 수 있다.

일본의 HPV 백신 접종 상황

일본에서는 2009년 12월 HPV 백신이 공식 승인을 받았고, 2013년 4월 국가가 부담하는 정기 예방접종 항목에 추가되어 접종이 시작되었다. 접종 대상은 초등학교 6학년부터 고등학교 1학년 사이의 여학생이었다. 그러나 예방접종 후 여러 부작용이 보고되면서, 같은 해 6월부터 자치단체가 백신 접종을 적극적으로 권장하지는 않게 되었다.

WHO, 자궁경부암 백신의 권장을 보류한 일본 상황을 우려

전 세계가 백신 접종을 추진하여 자궁경부암 예방에 힘쓰는 가운데 일본에서는 자궁경부암 백신 접종 후 몸에 이상이 나타났다는 주장이 나왔고, 사태를 심각하게 여긴 일본 정부는 자궁경부암 백신의

---

6 「42. 뾰족콘딜로마」, 「46. 사람유두종바이러스」 참조.

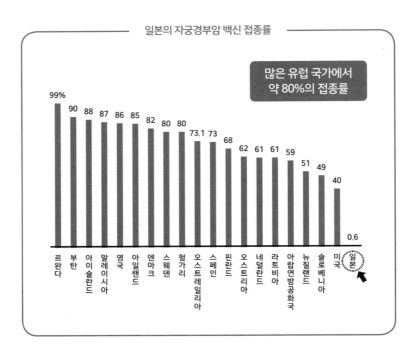

일본의 자궁경부암 백신 접종률

많은 유럽 국가에서
약 80%의 접종률

99% 르완다
90 부탄
88 아이슬란드
87 말레이시아
86 영국
85 아일랜드
82 덴마크
80 스웨덴
80 헝가리
73.1 오스트레일리아
73 스페인
68 핀란드
62 오스트리아
61 네덜란드
61 라트비아
59 아랍연방공화국
51 뉴질랜드
49 슬로베니아
40 미국
0.6 일본

'적극적 권장의 일시적 보류'를 결정했다. 이 사태에 WHO는 자궁경부암 백신의 안전성에 관한 성명을 발표하고, 일본의 상황에 우려를 표명했다.

백신을 적절히 도입한 국가에서는 젊은 여성의 전암 병변이 약 50% 감소했다. 그러나 이와 대조적으로 1995년부터 2005년 사이에 3.4% 증가한 일본의 자궁경부암 사망률은 2005년부터 2015년 사이에 5.9% 증가했다. 이 증가 추세는 앞으로 만 15~44세에서 한층 두드러질 것이다.

세계 각국을 대상으로 한 대규모 조사에서도, 자궁경부암 백신은 미접종자와 비교했을 때 심각한 부작용이 나타날 확률은 지극히 낮다고 보고되었다. 또 백신을 맞은 후 통증이 계속된다거나 몸이 나른해져서 움직일 수 없다는 등 백신과 운동 장애의 관련성이 제기되었는데, 이와 같은 증후군과 백신 사이에는 아무런 인과 관계가 없다는 보고도 나왔다.[7]

일본 정부는 2020년 11월, 예방을 통해 자궁경부암을 근절하겠다며 새로운 목표를 설정했다. 여기에는 2030년까지 만 15세 이하 여성의 HPV 백신 접종률을 90%로 끌어올리겠다는 내용이 담겨 있다.

---

7 보고에 따르면 임신, 분만, 태아 기형에 끼치는 영향도 인정되지 않았다.

07

멸균, 소독, 살균의 차이는 무엇일까?

멸균은 의학적으로 확실하게 정의된 용어로 미생물을 완전히 죽여서 없앤다는 뜻이다. 병원 등에서 수술 도구를 소독할 때는 이 멸균법을 사용한다.

멸균과 소독

멸균은 미생물을 완전히 죽이는 것이다. 여기에서 말하는 미생물은 병원체뿐만이 아니다. 멸균은 병원체뿐 아니라 병원체가 아닌 미생물까지도 죽여 없애버린다.

물론 우리 주변에 있는 미생물을 모두 없애기란 불가능하고, 이러한 행동은 오히려 부정적 측면이 더 크다. 따라서 멸균은 수술 도구 등으로 그 대상 범위가 한정된다.

수술 도구 등을 멸균하면 그 도구에는 살아 있는 미생물이 사라지고, 바이러스도 비활성화한다. 가장 없애기 힘든 미생물은 세균의 아포이므로 보통 멸균이라고 하면 세균의 아포까지 죽이는 방법을 뜻한다.

대표적 멸균법은 고압 증기 멸균기(오토클레이브)를 사용하는 방법이다. 아포는 100℃ 이상에서 죽으므로, 압력을 가해 100℃가 넘는 수증기로 멸균한다.

감염을 예방하는 방법 중에서 가장 간편하고 확실한 방법은 병원이나 가정에서 실시하는 소독이다.

소독은 멸균만큼 철저하지는 않으므로 세균의 아포는 죽지 않을 수도 있다. 그러나 일반 세균 등은 소독으로 죽는다. 주로 끓는 물 속에 넣거나 약을 사용하여 소독한다.

소독약으로는 염소계(차아염소산나트륨 등), 옥소계(포비돈요오드 등), 옥시돌(3% 과산화수소수), 살리실산, 알데하이드류(포르말린 등), 알코올류(소독용 에탄올, 아이소프로판올), 페놀류, 중금속 화학 물질, 계면활성제 등 종류가 다양하므로, 용도에 맞게 선택하여 사용한다.

다음 도표에서는 소독약으로 소독하기 쉬운 병원체를 '감수성이 크다', 소독하기 힘든 병원체를 '저항성이 크다'로 표기했다.

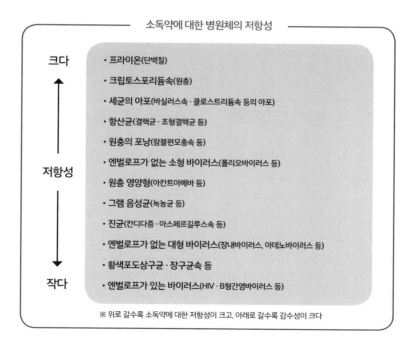

소독약에 대한 병원체의 저항성

크다

↑

저항성

- 프라이온(단백질)
- 크립토스포리듐속(원충)
- 세균의 아포(바실러스속 · 클로스트리듐속 등의 아포)
- 항산균(결핵균 · 조형결핵균 등)
- 원충의 포낭(람블편모충속 등)
- 엔벌로프가 없는 소형 바이러스(폴리오바이러스 등)
- 원충 영양형(아칸트아메바 등)
- 그램 음성균(녹농균 등)
- 진균(칸디다증 · 아스페르길루스속 등)
- 엔벌로프가 없는 대형 바이러스(장내바이러스, 아데노바이러스 등)
- 황색포도상구균 · 장구균속 등
- 엔벌로프가 있는 바이러스(HIV · B형간염바이러스 등)

↓

작다

※ 위로 갈수록 소독약에 대한 저항성이 크고, 아래로 갈수록 감수성이 크다

가장 소독하기 힘든 병원체는 프라이온(단백질)[1]이고 가장 소독하기 쉬운 병원체는 엔벌로프(외피)를 가진 바이러스다.

신종 코로나바이러스 감염증의 원인 바이러스에는 엔벌로프가 있어 소독하기 쉬우므로, 손은 비누로 씻거나 소독용 에탄올로 소독하면 된다. 바이러스가 붙어 있을법한 물건은 가정용 염소계 표백제(차아염소산나트륨 함유)를 묽게 하여 소독한다.

살균·제균·항균

살균은 미생물을 죽인다는 뜻이지만 '미생물을 완전히 죽이는 행위'인 멸균과 비교했을 때, '완전히'라는 조건이 빠져 있다. 대체 어느 정도까지 미생물을 죽인다는 말인지, 이 점이 모호하다.

제균은 대상물에서 미생물을 제거하여 미생물의 개수를 줄이는 행

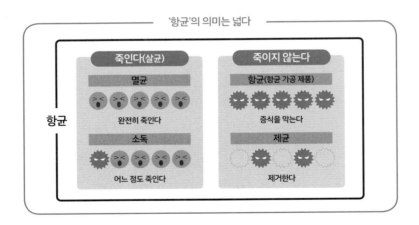

'항균'의 의미는 넓다

---

1 BSE(소 해면상 뇌증, 일명 광우병)의 원인으로 추정되는 비정상적인 프라이온(단백질)이다. 해면상 뇌증을 일으킨다.

위로, 반드시 병원체를 죽이지는 않는다. 손 씻기부터 여과에 이르기까지, 그 방법이 매우 다양하다.

항균은 살균, 멸균, 소독, 제균 등 모든 행위를 포함하는 말로 그 범위가 매우 넓다.

항균의 부정적 측면

잠깐 우리 주위를 둘러보자. 에스컬레이터나 전철 손잡이를 보면 항균 규정을 준수한다고 강조하고 있고, 문구류(볼펜 등)나 옷, 구두 등 생활용품에도 항균이란 용어가 들어 있다. 그야말로 항균·제균 열풍이라 할 만한 상황이다.

일상생활에서 균이 증식해 난처할 때가 있다. 예를 들면 주방 싱크대에 물때가 끼는 것은 세균이 증식했기 때문인데, 이는 악취의 원인이 되기도 한다.

도마 역시 잡균의 온상이 되기 쉽다. 또 땀을 흘린 후에는 잡균이 땀을 분해하므로 불쾌한 냄새가 난다. 이때 살균제를 사용하기도 하고, 옷감에 항균제를 섞거나 뿌려서 세균 증식을 막는다.

그럼, 항균에는 좋은 면만 있을까?

우리 몸에는 언제나 다양한 세균이 있다. 이 균을 **상재균**이라고 한다.

아기는 세상에 태어나기 전 태아일 때는 무균 상태지만, 산도를 통과하면서 엄마에게서 체내 세균을 받는다. 이 체내 세균은 자연 분만일 경우, 태어난 지 24시간 이내에 1,000억 마리 이상으로 늘어난다고 한다. 그 결과, 면역 체계가 작동하여 면역력이 향상된다.

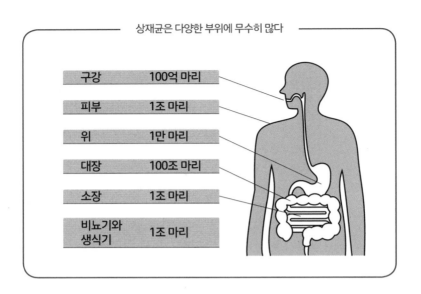

상재균은 다양한 부위에 무수히 많다

구강	100억 마리
피부	1조 마리
위	1만 마리
대장	100조 마리
소장	1조 마리
비뇨기와 생식기	1조 마리

　우리 몸에는 장내 세균만 사는 것이 아니다. 우리 피부, 기도를 비롯한 다양한 장기에 각양각색의 세균과 바이러스가 자리 잡고 있다. 우리는 세균과 더불어 산다.

　항균 용품과 관련된 균은 피부에 사는 상재균으로, 1㎠당 10만 마리가 넘는 균이 있다고 한다. 어떤 항균 용품은 피부에 사는 유익균까지 죽이므로, **약용 비누나 제균 알코올을 지나치게 사용하면 피부의 세균 균형을 무너뜨려 오히려 유해균이 늘어날 위험이 있다.**

　서로 밀접한 관계를 맺고 있는 상재균은 그 균형 관계가 매우 복잡하다. 균형을 이루면 새로운 균이 침입해도 정착하지 못한다. 이를 **대항 작용**이라고 한다.

항균

모처럼 평화롭게
살고 있었는데!

균형이 무너진다!

08

항생제란 무엇일까?

세균 증식을 막아주는 항생제가 발견되면서 인류는 세균 감염병의 공포에서 상당 부분 벗어났다. 그러나 항생제 남용으로 내성균의 출현이라는 새로운 문제가 생겨났다.

항균제와 항생제

항균제는 세균 증식을 억제하여 세균 감염병을 치료할 때 투여하는 약으로, 항균제에는 자연계에서 만들어지는 **항생제**와 처음부터 화학 합성된 **합성 항균제**가 있다. 항생제는 미생물이 만들어내는 항생 물질로 된 약제로, 다른 미생물을 죽이기도 하고 그 증식을 억제하기도 한다.

항생제는 언제 처방할까?

항생제는 비교적 널리 사용되는 의약품이다. 감기에 걸려 병원에 갔을 때 항생제를 처방받은 경험이 대부분 있을 것이다. **항생제는 세균 증식을 억제하는 물질이므로, 항생제를 복용한다고 해서 바이러스성 질환인 감기가 낫지는 않는다.** 감기에 걸리면 병원균에 대한 저항력이 떨어지는 탓에, 예전에는 이를 예방하려는 목적에서 항생제를 투여했다. 그러나 최근에는 이처럼 예방 목적으로 항생제를 이용하는 일이 크게 줄었다. 이 문제는 뒷장에서 설명하겠다.

항생제의 발견과 상품화를 위한 끊임없는 노력

1928년 영국의 미생물학자 알렉산더 플레밍은 푸른곰팡이가 황색포도상구균의 증식을 억제하는 물질을 만들어낸다는 사실을 발견하고, 이 물질을 추출해 **페니실린**이라고 명명했다. 플레밍은 페니실린이 세균에 감염되어 고통받는 사람들을 위해 쓰이도록 약으로 만들려고 노력했으나 그 뜻을 이루지 못했다. 이후 하워드 플로리와 언스트 체인이 온갖 연구 끝에 벤질페니실린(페니실린 G)을 약으로 만드는 데 성공함으로써, 페니실린은 발견된 지 15년도 더 지난 1944년이 되어서야 미군 부상병에게 사용되었다. 이후 일반 시민도 페니실린을 쓸 수 있게 되었다.

그런데 1960년대에 들어 문제가 생겼다. 페니실린으로도 증식을 막지 못하는 **내성균**이 나타난 것이다. 이는 감염병을 일으키는 병원체가 내성균이라면 치료하기가 상당히 어렵다는 뜻이다. 내성균의 원인은 항생제 남용에 있었다.

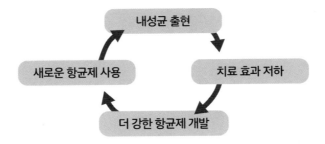

내성균을 늘리지 않으려는 노력

항생제는 세균 증식을 억제한다. 세균 입장에서 보면 이는 곧 자신의 죽음을 의미하므로 세균은 항생제에 견디도록 일정한 비율로 변이를 일으킨다. 내성을 얻은 균이 생겨남으로써 종이 보존되는 것이다. 이를 내성균이라고 한다.

세균이 항생제에 자주 노출될수록 변이를 일으킨 균이 우세해진다. 감염병의 예방 또는 치료 목적으로 항생제를 처방받았을 때, 증상이 누그러졌다며 함부로 약을 끊으면 내성균이 몸속에 생길 위험이 커진다.

감염병에 따라 사용하는 항생제가 다르다

항생제라고 해서 모든 균의 증식을 막아주지는 못한다. 따라서 세균 감염병 치료에 항생제를 사용할 때는 질병 또는 병원체인 세균의 종류나 감염된 부위 등에 따라 가장 적합한 약을 처방한다. 즉 어떤 항생제를 투여해도 효과가 별로 없다면 다른 계열의 항생제를 투여하기도 한다. 한 예로 미코플라스마 폐렴은 보통 매크롤라이드계 항생제를 처방하는데, 효과가 미약하면 테트라사이클린계나 새 퀴놀론계 항생제를 사용한다.

항생제가 미생물의 증식을 억제하는 원리

항생제는 세균에 작용하여 세균의 증식을 억제하지만, 기본적으로 인간의 세포 증식에는 거의 영향을 주지 않는다. 이 차이는 세균(원핵세포)과 인간 세포(진핵세포)의 구조와 기능에서 비롯된다.

증식을 억제하는 원리로 항생제를 분류하면, 크게 원핵세포 특유의 세포벽 합성이나 그 작용을 억제하는 약제, 원핵세포 내 단백질이나 핵산의 합성, 또는 그 작용을 억제하는 약제로 나뉜다.

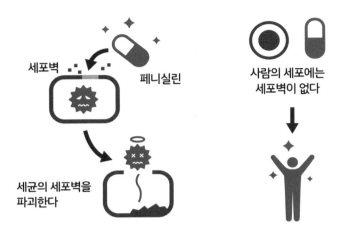

세포벽

페니실린

세균의 세포벽을
파괴한다

사람의 세포에는
세포벽이 없다

축산과 양식 분야에서도 많이 사용되는 항생제

항생제는 축산과 양식 분야에서도 많이 사용한다. 이때는 감염병을 예방하려는 목적이 아니라 **성장을 촉진**하려는 목적에서 사용한다.

항생제를 먹이면 가축의 성장 속도가 빨라지므로, 고기를 단기간에 출하할 수 있다.[1] 이처럼 사육 비용이 절감되고 식량 수요량 증대에 대응할 수 있다는 이점 덕분에, 어떤 나라에서는 사람을 치료하는 일보다 가축을 키워내는 일에 항생제를 더 많이 사용한다. 그러나 항생제가 포함된 고기가 적지 않고, 가축의 분뇨를 통해 이 항생제가 자연으로 퍼지고 있어서 내성균이 증가할 위험이 더 커졌다.

----

1   원리는 밝혀지지 않았다.

면역이란 무엇일까?

감염병을 이야기할 때 자주 등장하는 '항체'라는 말이 있다. 항체가 아니어도 우리는 갖가지 방법으로 몸을 감염병으로부터 보호한다. 어떤 방식으로 보호하는지, 그 원리와 진화 과정을 살펴보자.

병원체 등으로부터 우리 몸을 지키는 원리를 **면역**이라고 한다. 질병 감염을 막고 나날이 복잡해지는 환경에 대응하기 위해서 우리 몸은 복잡한 면역 체계를 지니고 있는데, 오래된 체계부터 순서대로 소개하겠다.

자연 면역

가장 기본이 되는 면역은 기계적 구조나 화학 물질로 몸을 지키는 원리인 방어라는 체계다.

피부의 가장 바깥쪽은 각질층이라 불리는 죽은 세포층으로 덮여 있다. 이 층이 외부에서 오는 자극을 막고, 병원체가 살아 있는 세포에 직접 접촉하지 못하도록 보호한다.

점막은 표면이 점액이라는 분비물로 덮인 조직으로, 주로 입과 코, 호흡기, 소화관 등의 속 공간을 덮고 있다.

점액은 끈적끈적해서 오염물이나 병원체를 잘 모은다. 점막 표면에는 미세한 털이 나 있는데, 이 털이 일정한 방향으로 움직여서 더러

위진 점액을 배출함으로써 질병과 감염을 막는다.

또 점액과 침, 눈물에는 세균의 세포벽을 파괴하는 라이소자임이나 항균제가 포함되어 있으므로 살균 효과가 있다.

우리가 삼킨 입과 코, 호흡기의 점액은 위로 보내지고, 여기에서 강한 산성을 띠는 위액에 의해 살균 작용이 이루어진다. 또 장내와 표피에는 유산균을 비롯한 수많은 공생 미생물이 사는데, 이 공생 미생물은 생산하는 유산 등에 따라 병원성 미생물을 억제한다.

또 식작용을 하는 면역 세포(백혈구, 대식 세포 등)는 병원체나 이물질을 집어삼켜서 분해하는 작용을 한다.

획득 면역

식작용을 통해 병원체를 집어삼킨 면역 세포(대식 세포와 수지상 세포)는 병원체 등을 분석하여 다른 물질과 병원체를 구별하는 단백질 조각을 찾아낸다. 이 조각을 **항원**이라고 한다. 면역 체계를 가동하는 모형으로서 이 항원이 다른 세포에 전달되면(항원 제시), 다양한 면역 세포가 병원체에 대항하기 위해서 움직인다.

일부 면역 세포는 항체를 만들어낸다. 항체에는 여러 개의 항원에 결합하는 부위가 있어서, 체액이나 혈액 속에서 항원을 가진 병원체를 달라붙게 하는 방식으로 수집한다(응집).

또 면역 세포 중 하나인 **킬러 티 세포**는 병원체에 감염되어 표면에 항원을 제시하고 있는 감염 세포를 찾아내 자살(아포토시스)하게 한다.

아포토시스는 세포가 활동을 멈추고 분해되어가는 원리로, 세포가

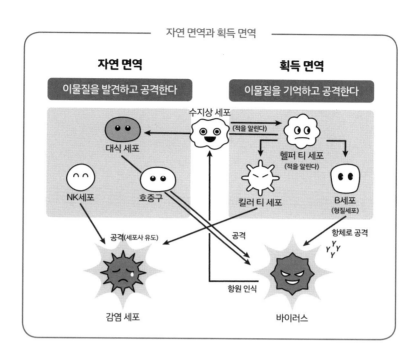

자연 면역

이물질을 발견하고 공격한다

획득 면역

이물질을 기억하고 공격한다

수지상 세포

(적을 알린다)

대식 세포

헬퍼 티 세포

(적을 알린다)

NK세포

호중구

킬러 티 세포

B세포

(형질세포)

공격(세포사 유도)

공격

항체로 공격

항원 인식

감염 세포

바이러스

병원체에 의해 파괴되거나 물리적으로 파괴될 때보다 주변 세포와
면역 체계에 부담을 적게 준다.

암도 감염병?

면역 체계는 진화와 더불어 발달해왔다. 이를테면 림프구를 중심으
로 한 획득 면역은 우리 선조가 어류였을 때 얻은 면역 체계다. 절족
동물이나 연체동물에는 이와 같은 체계가 없다.

우리 세포에는 개체를 식별하기 위한 MHC 항원(사람의 주요 조직
적합 항원은 사람 백혈구형 항원, HLA라고 한다)이라는 이름표가 붙어 있
다. 사람의 면역 세포는 다른 동물 또는 다른 사람의 세포와 자기 세

포를 이 항원으로 구분하므로 자기 세포가 아닌 다른 세포가 몸속에서 발견되면 이를 공격한다. 이를 **거부 반응**이라고 한다.

몸속에 다른 개체의 세포가 들어오는 일은 좀처럼 없을 것 같은데, 이와 같은 시스템이 작동하는 이유는 무엇일까.

앞에서 설명했듯이 조개류 같은 연체동물에는 이런 면역 체계가 없으므로 조개의 혈액암(백혈병) 중에는 감염되는 암이 있다. 암이 개체에서 개체로 전염되는 것이다. 거부 반응은 조직 이식을 어렵게 하는 골칫거리이지만, 한편으로 암을 감염병이 되지 않게 막아주는 역할도 한다.

모유와 항체

항체는 그 모양이 제각각이다. IgA는 조류와 포유류만이 보유한 독특한 항체다. IgA 항체는 우리 몸속에 가장 많으며, 두 종류가 새우처럼 서로 등을 맞댄 모양을 하고 있다. 눈물을 비롯한 분비물에 포함되어 감염을 막아주는 역할을 한다.

IgA는 모유에도 많이 들어 있다. 면역력이 낮은 신생아의 몸을 엄마의 면역을 이용해 지키는 셈이다.

급속히 진행되는 연구

면역 체계에 관한 연구는 21세기 초부터 급속히 발전했다. 현재는 암이 면역 체계를 재빨리 빠져나가는 원리를 조사하여, 면역 세포에 암세포를 제거하게 하는 '면역 체크포인트 저해제'라는 약이 실용화되어 큰 효과를 내는 등, 획기적으로 변화하고 있다.

신종 코로나바이러스 감염증에 대처하는 방법에도 mRNA 백신과 같은 과거의 백신 원리와 다른 새로운 백신이 등장했다. 또 중증화를 막아 목숨을 구하기 위해서 면역과 관련된 새로운 치료법이 시도되는 중이다.

면역과 관련된 질환

면역은 우리 몸에 문제를 일으키기도 한다. **자가 면역 질환**이라 불리는 관절 류머티즘이나 루푸스 등은 면역 체계가 우리 몸을 오인하여 공격하는 탓에 발병한다.

또 알레르기는 IgE라는 항체 때문에 생기는데, 이 항체는 원래 기생충에 대항하기 위한 항체라고 한다. 제2차 세계대전 후 위생 상태가 급속히 개선되어 오랜 기간 우리 몸에 살던 기생충이 거의 사라지자, 면역 기관이 음식이나 꽃가루 등의 단백질을 외부적으로 오인하여 공격하는 것이 알레르기가 증가하는 원인으로 추측된다.

감염병의 분류

한국의 '감염병의 예방 및 관리에 관한 법률(감염병예방법)'은 국민의 건강에 위해가 되는 감염병의 발생과 유행을 방지하고, 그 예방과 관리를 위하여 필요한 사항을 규정함으로써 국민 건강의 증진 및 유지를 도모하는 것이 목적이다.

감염병은 전염력이나 질환의 중증도, 공중위생상 중요성 등을 고려하여 4개급으로 분류한다. 이 중 제1급~제3급 감염병으로 진단한 모든 의사나 치과의사, 한의사는 즉시 소속 의료기관의 장에게 보고해야 하며, 의료기관의 장은 관할 보건소장에게 신고할 의무가 있다. 의료기관에 소속되지 않은 의사나 치과의사, 한의사의 경우 관할 보건소장에게 신고해야 한다.

제1급 감염병은 즉시, 제2급 및 제3급 감염병은 24시간 이내에 신고하도록 되어 있다. 중증도가 비교적 낮고 발생률이 높은 제4급 감염병의 경우 표본감시기관이 자료를 정기적으로 수집, 분석, 배포하며 주 1회 질병관리청 또는 관할 보건소에 신고해야 한다.

법이 정하는 분류에 따라 감염병 예방 조치가 마련되어 있다. 환자의 인권을 배려하면서 감염이 퍼지는 것을 미리 방지하려는 목적에서, 환자 격리, 입원 권고나 조치 처분, 출입이나 이동 등의 제한이 내려질 수 있다.

신종 코로나바이러스 감염증은 2020년 1월 8일 제1급 감염병으로 지정되었다가 838일 만인 2022년 4월 25일 제2급으로 조정되었으며, 2023년 하반기에는 독감과 같은 수준인 제4급으로 낮춰질 것으로 전망하고 있다.

유형	성격과 조치	감염병 종류
제1급 감염병 (17종)	생물테러감염병, 또는 치명률이 높거나 집단 발생의 우려가 커서 발생 또는 유행 즉시 신고, 음압격리와 같은 높은 수준의 격리가 필요한 감염병	에볼라바이러스병, 마버그열, 라사열, 크리미안콩고출혈열, 남아메리카출혈열, 리프트밸리열, 두창, 페스트, 탄저, 보툴리눔독소증, 야토병, 신종감염병증후군, 중증급성호흡기증후군(사스), 중동호흡기증후군(메르스), 동물인플루엔자 인체감염증, 신종인플루엔자, 디프테리아
제2급 감염병 (23종)	전파 가능성을 고려하여 발생 또는 유행 시 24시간 이내에 신고해야 하고 격리가 필요한 감염병	결핵, 수두, 홍역, 콜레라, 장티푸스, 파라티푸스, 세균성이질, 장출혈성대장균 감염증, A형간염, 백일해, 유행성이하선염, 풍진, 폴리오, 수막구균 감염증, B형헤모필루스인플루엔자, 폐렴구균 감염증, 한센병, 성홍열, 반코마이신내성 황색포도알균 감염증, 카바페넴내성 장내세균속균종 감염증, E형간염, 코로나바이러스감염증-19*, 엠폭스* (* 갑작스러운 국내 유행으로 긴급한 예방·관리가 필요해 지정한 감염병)
제3급 감염병 (26종)	발생을 계속 감시할 필요가 있어 발생 또는 유행 시 24시간 이내에 신고해야 하는 감염병	파상풍, B형간염, 일본뇌염, C형간염, 말라리아, 레지오넬라증, 비브리오패혈증, 발진티푸스, 발진열, 쯔쯔가무시증, 렙토스피라증, 브루셀라증, 공수병(광견병), 신증후군출혈열, 에이즈, 크로이츠펠트-야코프병 및 변종크로이츠펠트-야코프병, 황열, 뎅기열, 큐열, 웨스트나일열, 라임병, 진드기매개뇌염, 유비저, 치쿤구니야열, 중증열성혈소판감소증후군, 지카바이러스 감염증
제4급 감염병 (23종)	제1급~제3급 감염병 외에 유행 여부를 조사하기 위하여 표본감시 활동이 필요한 감염병	인플루엔자, 매독, 회충증, 편충증, 요충증, 간흡충증, 폐흡충증, 장흡충증, 수족구병, 임질, 클라미디아 감염증, 연성하감, 성기단순포진, 첨규콘딜롬, 반코마이신내성장구균 감염증, 메티실린내성 황색포도알균 감염증, 다제내성녹농균 감염증, 다제내성아시네토 박터바우마니균 감염증, 장관감염증, 급성호흡기감염증, 해외유입기생충 감염증, 엔테로바이러스 감염증, 사람유두종바이러스 감염증

출처: 질병관리청 정책정보, '감염병 감시체계' (2023년 6월 기준, www.kdca.go.kr/contents.es?mid=a20301110100)

제 2 장

일상생활 속에
가득한 감염병

10

감기란 대체 무엇일까?

어떤 사람은 신종 코로나바이러스 감염증을 '단순한 감기'라고 주장하기도 한다. 감기란 대체 어떤 질환일까. 감기의 역사적 경위와 함께 파헤쳐보자.

증후군이란

가장 흔한 질환인 '감기'의 정확한 명칭은 **감기증후군**이다. 이를테면 '인플루엔자'는 원인이 밝혀진 '질병명'이다. 그럼, 증후군이란 무엇일까.

증후군(신드롬)이란 여러 증상이 한꺼번에 나타나는 상태를 말한다. 코막힘과 콧물, 인후통과 인후염, 기침, 재채기와 발열과 같은 증상이 한꺼번에 나타나는 질환이 바로 감기증후군이다. 병원의 진단명과는 다르다.

병원에서는 환자의 증상을 듣고 '상기도염', '감염성 위장염' 등으로 진단하고, 만일 원인이 되는 바이러스 등이 판명된다면 '인플루엔자(유행성 감기)'라는 진단명을 붙인다.

감기의 원인은 80~90%가 바이러스로 추정되며, 라이노바이러스, 코로나바이러스 이외에도 RS바이러스, 파라인플루엔자바이러스, 아데노바이러스 등 그 원인이 되는 바이러스가 매우 다양하다. 똑같은 감기를 유발하는 바이러스나 세균은 그때마다 다를 가능성이 크다.

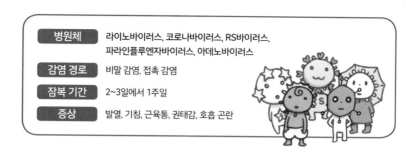

병원체	라이노바이러스, 코로나바이러스, RS바이러스, 파라인플루엔자바이러스, 아데노바이러스
감염 경로	비말 감염, 접촉 감염
잠복 기간	2~3일에서 1주일
증상	발열, 기침, 근육통, 권태감, 호흡 곤란

감기 증상의 원인

우리 몸은 바이러스나 세균에 맞서기 위해서 다양하게 반응한다.

코와 목의 점막은 병원체를 내보내려고 점액을 분비하여 배출하므로 콧물, 재채기, 기침, 가래와 같은 증상이 나타난다. 코막힘은 점막이 염증을 일으켜서 부어오른 탓에 공기 흐름이 원활하지 않은 상태다. 그리고 몸속에 들어온 병원체를 제압하기 위해 백혈구와 림프구 수가 늘어나고, 항체가 만들어지면서 병원체는 점차 제거된다. 발열 또한 병원체의 활동을 막고 면역 세포를 활성화한다. 이것이 감기 증상의 정체다.

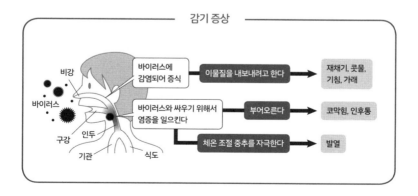

감기 증상

감기 징후를 권태감이나 관절통으로 감지한 몸의 주인은 활동을 줄여서 체력을 유지하고 회복하려고 한다. 감기에 걸렸을 때 식욕이 떨어지는 이유도 위에 부담을 주지 않기 위해서라고 한다.

종합감기약이란

약국이나 편의점에서 파는 종합감기약, 이른바 감기약은 대중 요법, 즉 증상을 억제하기 위한 약이다.

해열 진통제나 소염제(항히스타민제) 등을 배합한 약으로, 감기 증상은 누그러뜨리지만 원인은 없애지 못한다. 열이 내려 몸이 편안해져도 병원균이나 바이러스의 수가 줄지는 않으므로, 활동하면 주변 사람에게 바이러스를 퍼뜨리게 된다.

따라서 감기약을 복용할 때는 주의해야 한다. 감기에 걸렸을 때 감기약을 먹고 출근하는 것은 잘못된 행동이다. 다른 사람에게 전염되지 않도록 푹 쉬면서 다 나을 때까지 기다려야 한다.

또 PCR 검사나 항원 검사는 100% 정확하지 않으므로, 실제로는 감염됐는데도 검사 결과가 음성으로 나오거나(위음성), 감염되지 않았는데도 결과가 양성(위양성)으로 나올 때가 있다.

예전에는 등교나 출근 여부를 검사로 결정했다. 하지만 이처럼 검사가 부정확하다는 사실을 고려한다면, 검사를 필수로 여기기보다는 사회 상황에 맞춰서 의사가 감염으로 판단하여 의료 자원의 낭비를 막는 등 방침을 전환해야 할 것이다.

감기와 인플루엔자, 신종 코로나바이러스 감염증의 차이

인플루엔자는 유행성 감기라고 해서 예전에는 감기의 한 종류로 보았다. 노로바이러스나 로타바이러스가 일으키는 위장염, Hib(B형헤모필루스인플루엔자)의 초기 증상 역시 감기와 매우 비슷해서, 과거에는 감기와 구별하지 못했다.

　감기증후군의 원인이 되는 병원체는 매우 다양하다.

　중의학(한방)에서는 감기를 '풍사'라고 하여 사악한 바람의 기운, 즉 일종의 재앙으로 여겼지만, 의학이 발전하면서 감기는 병원체에 감염되어 걸린다는 사실이 밝혀졌다. 질병으로 판별하기 위한 작업

감기와 인플루엔자의 차이

	감기(보통 감기)	인플루엔자(독감)
발병 시기	1년 내내 산발적	겨울철에 유행
주요 증상	상기도 증상	전신 증상
진행 속도	느리게 진행	급격하게 진행
발열	보통은 미열(37~38℃)	고열(38℃ 이상)
발열 외 증상	재채기, 인후통, 콧물, 코막힘	전신 권태감, 관절통, 근육통, 두통, 기침, 인후통, 콧물 등
바이러스	라이노바이러스, 코로나바이러스, 아데노바이러스 등	인플루엔자바이러스

이 진행되면서 '병'으로 확정된 것이다.[1]

또 신종인플루엔자(신종플루)나 신종 코로나바이러스 감염증처럼 다른 동물이 보유한 바이러스가 변이하여 인간에게 감염되었을 때 높은 병원성을 발휘하는 병원체도 있다. 병원체는 그 유래가 제각각이어서 어떻게 퍼지는지조차 아직 밝혀지지 않았다.

변이와 재감염

증상이 비슷한 감기에 몇 번이고 걸리는 또 다른 이유는 원인 바이러스의 유전자 변이 속도가 빠르기 때문이다. 면역은 바이러스가 보유한 단백질 구조에 따라 성립하므로 이 구조가 변하면 감염을 막지 못해 다시 감염된다.[2]

신종 코로나바이러스 감염증은 무증상 감염자 수가 예상보다 훨씬 많았다. 증상이 나타난 사람을 격리만 해서는 불충분하므로, 검사를 철저히 하고 증상이 없더라도 자신을 감염자라고 간주하고 행동하는 등, 사회 분위기와 질병을 극복하는 방법 자체가 크게 변화하고 있다.

---

1 예를 들면 병원성이 강하고 단숨에 전신 증상을 일으키는 악성 병원체의 정체는 인플루엔자로 특정되었고, 때때로 어린아이에게 세균성 수막염을 일으키는 병원체의 정체는 Hib로 특정되었다.
2 바이러스 중에는 면역 세포에 감염하여 면역의 기억을 방해하는 바이러스도 있다.

11

인플루엔자

인플루엔자는 아주 먼 옛날부터 인류를 위협해온 감염병이다. 인플루엔자바이러스의 발견부터 팬데믹의 역사, 그리고 미래에 일어날지 모를 고병원성 인플루엔자를 살펴보자.

인플루엔자란

인플루엔자라는 말은 라틴어 Influentia coeli(하늘의 영향)에서 유래했다고 한다. 겨울철에 유행하는 감기를 '천체 배치의 영향을 받아 걸리는 병'이라고 생각한 것이다.

앞에서 중의학에서는 감기를 풍사라고 하여 감기의 원인을 사악한 바람의 작용으로 여겼다고 이야기했는데, 이와 매우 흡사한 사고방식이다. 과거 중의학에서는 기후를 비롯한 6가지 외부 요인(바람·추위·더위·습기·건조함·열)이 병을 일으킨다고 생각했다. 동서양을 막론하고 오랜 기간 천체나 계절 같은 외부 요인을 병의 원인으로 여겼다는 사실을 알 수 있다.

인플루엔자균

인플루엔자바이러스는 그 크기가 100nm(1mm의 1만분의 1) 정도로 상당히 작다. 바이러스를 관찰하려면 20세기에 실용화된 전자 현미경을 사용해야 하므로, 이 병원체가 명확하게 밝혀지기까지는 오랜

병원체	인플루엔자바이러스
감염 경로	비말 감염, 접촉 감염
잠복 기간	1~2일
증상	염증(코, 목, 기관지), 고열, 권태감, 근육통, 관절통 등

시간이 걸렸다.

1892년 독일의 미생물학자 리처드 파이퍼가 인플루엔자 환자에게서 발견해낸 세균에 인플루엔자균이라는 이름을 붙였다(파이퍼균이라고도 한다). 1918년 스페인 독감이 유행했을 당시 이 균과 폐렴쌍구균 백신을 만들어 사람들에게 접종했다. 그러나 둘 다 효과가 없었으므로 이 균은 인플루엔자의 원인균이 아니라는 사실을 알게 되었다.

이 균의 현재 이름은 헤모필루스인플루엔자이다. B형헤모필루스인플루엔자는 어린아이에게 심각한 폐렴을 유발한다. 줄여서 Hib 백신이라고 한다.

인플루엔자를 발견한 사람은 일본인?

1918년 스페인 독감이 유행할 때, 일본인 야마노우치 다모쓰(파스퇴르연구소, 제국대학 전염병연구소) 팀이 영국 의학잡지[1]에 인플루엔자의 원인을 여과성 병원체라고 보고했다. 이 보고는 인플루엔자의 원인이 바이러스라는 세계 최초의 보고로 알려져 있다.

---

1   T.yamanouchi et al.: Lancet, 1,971(1919).

그러나 공식적으로는 1933년에 영국의 크리스토퍼 앤드루스 팀이 인플루엔자바이러스를 분리·발견했다고 인정받았다. 비타민 발견에 있어서 스즈키 우메타로와 카시미르 풍크를 떠오르게 하는 에피소드다.[2]

반복되는 팬데믹

과거에도 심각한 감기나 질병이 유행했다는 기록이 있지만, 증상이나 유행을 기술한 내용으로 보아 인플루엔자의 대유행을 짐작하게 하는 기록은 18세기 무렵부터 나온다.

인플루엔자는 크게 A, B, C 세 종류로 나뉜다. 이 중에서 가장 심각한 유행을 일으키는 유형은 A형과 B형이다. B형에는 야마가타형, 빅토리아형의 두 가지 유형이 있는 반면, A형은 변이가 빨라서 유형(아형)이 매우 많다.

인플루엔자바이러스에는 스파이크 단백질이란 구조물이 있다. 중요한 단백질은 세포에 침입하기 위한 헤마글루티닌(HA)과 세포에서 떨어져 나오기 위한 뉴라미니다아제(NA)가 있으며, 이 종류를 숫자로 분류한다.

참고로 최근 널리 사용되는 항인플루엔자바이러스제는 이 뉴라미니다아제를 억제하여 바이러스의 증식을 방해한다. 신종 코로나바이

---

2 스즈키 우메타로는 1911년에 쌀겨에서 각기병을 예방하는 오리자닌(현재의 비타민B1)을 발견했지만, 번역이 미흡했던 탓에 1912년 카시미르 풍크가 쌀겨에서 발견한 비타민이 세계 최초로 인정받았다.

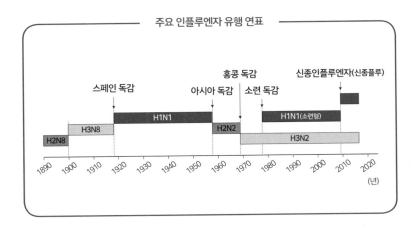

주요 인플루엔자 유행 연표

러스 감염증에 항인플루엔자바이러스제가 듣지 않는 이유는 바이러스의 감염 및 증식 원리가 다르기 때문이다.

여태까지 세계적 대유행을 일으킨 인플루엔자는 대부분 A형이다. 또 인플루엔자는 겨울철에 유행하므로 북반구와 남반구에서 번갈아 유행한다. 백신은 전년에, 혹은 다른 반구에서 어떤 식으로 유행했는지를 확인한 후에 만들지만, 어떤 바이러스 유전형이 유행할지 그 예측이 빗나가면 백신의 예방 효과가 떨어지게 된다. 인플루엔자 백신의 감염 예방 효과는 70% 정도이므로 백신을 맞아도 인플루엔자에 걸리는 사람이 있다. 하지만 백신은 중증화를 예방하고 감염 확산을 막아주며, 뇌염이나 길랭·바레 증후군(신경 장애의 일종) 같은 심각한 합병증까지 예방해주는 등 그 효과가 크다.

특히 신종 코로나바이러스 감염증처럼 증상이 매우 비슷한 감염병이 유행할 때는 감염을 예방해주는 백신을 접종받는 것이 매우 효과적이다. 감염됐을 때 위험도가 높은 고령자나 기저질환자라면 적극적으로 접종받기를 권장한다.

고병원성 인플루엔자

인플루엔자는 돼지, 새(오리나 닭 등), 사람 사이에서 감염되는 인수 공통 감염병이다. 보통 바이러스는 가장 효율적으로 많은 사람을 감염해야 하므로, 오랜 시간에 걸쳐 감염률과 병원성이 변화한다(감염자가 몸을 움직일 정도의 증상에서 바이러스가 대량 증식하면 훨씬 멀리까지 퍼져나가 많은 사람을 감염시킨다)는 가설이 있다.

그러나 사람을 감염시키는 능력을 이제 막 획득한 인수 공통 감염병에는 병원성이 매우 높은(치사율이 높은) 인플루엔자도 있다.

2009년에 유행한 H1N1(A형인플루엔자바이러스의 하위 유형, 일명 신종플루, 돼지독감)은 돼지에서 유래하여 사람까지 감염시키는 인플루엔자였으나 다행히 치사율은 그리 높지 않았다.

하지만 고병원성 조류인플루엔자가 사람에게 감염될 가능성이 점쳐지고 있어서, 만일 실제로 이런 일이 일어난다면 신종 코로나바이러스 감염증과 비슷하거나 그 이상으로 큰 피해가 발생할지도 모른다.

따라서 현재 신종인플루엔자에 대비하여 백신을 포함한 신약 연구가 활발히 이루어지고 있다. 시기는 알기 어렵지만 언젠가는 반드시 유행한다는 사실을 머릿속에 넣고 미리 대책을 세워나가야겠다.

12

폐렴

폐렴(폐장염)은 직접 사인이 되는 경우도 많아, 일본에서는 연간 12만 명이 폐렴으로 사망한다고 한다. 대체 폐렴이란 어떤 질환일까?

호흡기계의 염증

어떤 감염병에 비말 감염되면 먼저 비강과 기관에 염증이 생긴다. 병원에서는 상기도염 또는 하기도염이라고 한다.

우리가 몸으로 느끼는 증상에는 재채기와 콧물, 코막힘, 기침, 인후통 등이 있는데, 이 염증이 폐로 퍼지면 폐렴을 일으키게 된다.

또 공기 감염이나 비말 감염이 되면, 즉 아주 작은 입자로 감염되면 병원체가 폐 깊숙이 침투해 느닷없이 폐렴을 일으키기도 한다.

바깥에서 들어온 공기는 기도, 기관, 기관지를 거쳐 허파꽈리라는 작은 주머니에서 혈액과 가스를 교환한다. 이 허파꽈리가 염증을 일으키는 질환이 전형적인 폐렴이다.

폐렴은 산소를 얻고 이산화탄소를 내보내는 기관에 염증이 생긴 질환이므로, 발열, 기침, 가래 같은 감기와 매우 흡사한 증상 이외에 숨이 차기도 하고 가슴에 통증을 느끼기도 한다. 일반 감기와 다르게 가슴이 아프거나 숨이 차다면 반드시 병원에 가서 진찰받아야 한다.

세균성 폐렴

폐렴을 일으키는 병원체는 매우 다양하다. 세균 중에는 폐렴구균, 헤모필루스인플루엔자균 등이 있다.

폐렴구균은 폐렴연쇄구균과 폐렴쌍구균 등을 포함하는 스트렙토코쿠스속의 세균이다. 충치의 원인인 뮤탄스균, 화농성 연쇄상구균과 같은 그룹에 속한다. 폐렴구균은 일본에

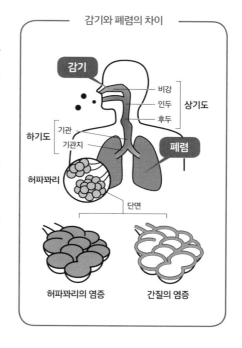

감기와 폐렴의 차이

감기
비강
인두 상기도
후두
하기도
기관
기관지
폐렴
허파꽈리
단면
허파꽈리의 염증
간질의 염증

서 고령자의 약 3~5%가 상재균으로 보유하지만, 면역력이나 체력이 떨어지면 기관지염 또는 폐렴, 때로는 패혈증 같은 심각한 합병증을 일으키기도 한다.

일본에서는 고령자를 대상으로 폐렴구균 백신을 정기 접종하는데, 심각한 감염병을 일으키는 폐렴구균 중 약 50~60%의 세균주에 효과가 있다고 한다. 만 65세 이상이 되면 정기적으로 맞아야 할 백신이다.

헤모필루스인플루엔자균, 특히 B형은 영유아에게 중증 폐렴뿐 아니라 수막염이나 패혈증 같은 심각한 감염병을 일으키기도 하므로, 일본에서는 영유아의 접종 비용 일부를 지자체에서 지원해준다. 미

국에서는 Hib 백신[1] 접종을 시작한 이래 영유아가 많이 걸렸던 Hib 수막염이 빠르게 감소했다고 보고되어, 일본에서도 높은 효과가 기대된다.

바이러스성 폐렴

바이러스성 폐렴은 인플루엔자를 비롯하여 감기를 유발하는 라이노바이러스, RS바이러스, 파라인플루엔자바이러스, 그리고 코로나바이러스 등이 유명하다.

백신이 있는 바이러스라면 미리 접종하여 감염과 중증화를 예방할 수 있고, 항바이러스제 등의 특효약이 있다면 조기에 진찰받아 복용함으로써 폐렴으로 악화하는 것을 막을 수 있다.

고령자나 면역력이 쉽게 떨어지는 기저질환자라면, 유행하기 전에 예방접종을 하고 몸에 이상이 느껴지면 병원에 가서 진찰받는 등 예방과 조기 발견에 힘써야 한다.

또 항생제는 바이러스에 효과가 없는데도, 과거에는 바이러스성 감기에 걸렸을 때 병원에서 항생제를 많이 처방했다. 이는 감기에 걸려 예방 체력이 떨어지면 합병증으로서 폐렴에 쉽게 걸리므로, 예방하는 차원에서 처방한 것이다. 다만 최근에는 항생제를 남용하면 내성균이 생길 위험이 있다고 알려지면서 예방 차원에서 항생제를 투여하는 일이 줄고 있다.

---

1 Hib에 관해서는 「11. 인플루엔자」 참조.

그 밖의 폐렴

폐렴의 원인이 되는 병원체는 이 외에도 많다. 미코플라스마에 감염되면 오랜 기간 지속되는 기침의 원인인 기관지염이나 폐렴에 걸릴 수 있다. 항생제를 먹어도 좋아지지 않았는데 알고 보니 미코플라스마 감염증이었던 경우도 종종 있을 것이다. 이는 미코플라스마의 특수성 때문이다. 미코플라스마는 넓은 의미에서 세균에 속하지만, 세포벽이 없는 진핵생물이므로 다른 항생제를 사용해야 한다.

고령자의 폐렴

폐렴은 세균과 바이러스 감염이 아닌 다른 이유로도 걸린다. 겨울철, 특히 새해에 증가하는 폐렴은 고령자의 오연성 폐렴이다.

사람의 목구멍에는 기관을 덮는 덮개가 있어서 음식을 삼킬 때 구조상 음식물이 기관으로 들어가지 못한다. 그러나 나이를 먹을수록 이 덮개의 기능이 떨어지는 탓에 침이나 음식을 삼킬 때 잘못하여 기관으로 들어가기도 한다. 이 현상을 오연이라고 한다.

기관에 음식물이 들어갔을 때는 기침을 해서 밖으로 내보내는 시스템이 있는데, 나이를 먹을수록 이 시스템이 약해지므로 종종 이물질이 폐로 들어가 폐렴을 일으킨다.

만 70세 이상 고령자에게 발병하는 폐렴의 약 80%는 이 오연성 폐렴이라고 한다. 특히 설날처럼 평소와 다른 음식을 먹을 때 많이 발생한다. 고령자는 면역력이 떨어진 상태이므로 발열이나 기침, 가래와 같은 폐렴 증상이 나타나지 않는 데다가, 증상이 빠르게 진행되는 탓에 방치하면 목숨을 잃을 수도 있다.

또 고령자는 한번 병상에 누우면 다리와 허리가 약해지기도 하고 알츠하이머가 진행되기도 한다. 입속에 잡균이 많으면 폐렴에 걸리기 쉬우므로 양치질 등 구강 청결에 신경 쓰는 한편, 기운이 없고 몸에 이상이 느껴지는 등 몸 상태가 여느 때와 다르다면 평소에 다니는 병원에 가서 의사에게 진찰받는 것이 바람직하다.

코로나19로 알려지게 된 간질성 폐렴

간질성 폐렴은 신종 코로나바이러스 감염증이 유발하는 폐렴으로 널리 알려졌다. 허파꽈리가 아니라 허파꽈리 사이를 채우는 간질(사이질)이라는 조직이 염증을 일으키는 간질성 폐렴은 완치되더라도 폐섬유화, 즉 폐 조직이 단단해지고 호흡이 제대로 되지 않는 후유증이 남는다.

간질성 폐렴은 일부 항암제의 부작용으로 생기기도 한다. 병원체에 감염되어 발생하는 병이 아니므로 항생제와 같은 약은 효과가 없다. 말단의 산소 포화도를 보면서 필요하다면 스테로이드나 면역억제제 등을 사용해 꾸준히 치료해야 한다.

신종 코로나바이러스 감염증은 대개 감염내과 또는 호흡기내과 의사가 맡아서 치료하므로, 의료진에게 부담이 가중되면 이와 같은 폐렴에 대응하기가 어렵다. 신종 코로나바이러스 감염증 대책을 세울 때는 위·중증 환자 수, 사망자 수뿐 아니라 수치로 나타내기 힘든 이와 같은 사회적 부담도 고려해야 한다.

가습기 폐렴

겨울철 많은 가정에서 사용하는 가습기 또한 폐렴의 원인이 된다. 초음파 가습기는 가열되지 않은 물을 공기 중에 내뿜으므로, 탱크 속 물이 신선하지 않으면 레지오넬라균에 감염되거나 곰팡이가 원인인 알레르기성 기관지염, 또는 간질성 폐렴에 걸릴 수 있다. 가습기와 물탱크는 정기적으로 세척하고 물을 넣은 채로 오래 두지 말자.

또 염소계 표백제의 주성분인 차아염소산나트륨이 포함된 수용액을 초음파 가습기로 분무한 탓에 호흡기 질환에 걸린 사례도 있고, 중국에서는 폐렴 환자가 보고되기도 했다. 더욱이 한국에서는 가습기용 살균제 사용으로 1,800명 넘게 사망하는 사고도 있었다. 감염병이 유행할 때는 살균제나 표백제를 가습기에 넣으면 좋다는 헛소문이 돌기도 하는데, 건강에 관련된 정보는 그대로 받아들이지 말고 반드시 공식 정보 등을 통해 정확한 정보인지를 확인하자.

건강을 위해서 한 행동이 도리어 건강을 해치지 않도록 주의해야겠다.

13

대상포진

어릴 때 수두에 걸리면 수두바이러스는 다 나은 후에도 신경 세포에 잠복해 있다. 노화나 과로 등을 계기로 이 바이러스가 다시 활성화하면 대상포진이 발병한다.

수두가 완치된 후, 바이러스는 몸속에 잠복

수두대상포진바이러스에 처음 감염되면 수두에 걸린다.[1] 이 바이러스는 수두가 다 나은 후에도 몸속의 감각 신경이 모이는 신경절에 평생 잠복해 있다. 그리고 과로나 스트레스 등으로 면역력이 떨어졌을 때 바이러스가 다시 활성화하여 대상포진이 발병한다. 즉 수두대상포진 바이러스에 처음 감염되었을 때 나타나는 질환이 수두고, 수년 또는 수십 년 후에 잠복해 있던 바이러스가 다시 활성화하여 나타나는 질환이 대상포진이다.[2]

면역력이 약한 고령자에게 많이 나타나지만, 20~30대에게서 발병하기도 한다.

---

1 「28. 수두」 참조.
2 바이러스가 다시 활성화하는 데 수년이나 걸리는 이유는 수두에 걸렸을 때 획득한 면역이 정상으로 기능하여 바이러스를 제압하기 때문이다.

병원체	수두대상포진바이러스(사람헤르페스바이러스 3형)
감염 경로	처음에 걸리는 수두는 접촉 감염이나 비말 감염 (사람 대 사람으로 감염. 부모가 자녀에게 옮기기도 한다.)
잠복 기간	수두가 다 나은 후에도 바이러스는 몸속 신경 세포에 수년간 활동을 멈춘 채 잠복해 있다.
주요 서식지	신경절 속 글리아 세포(신경 세포를 지탱 및 보호하는 세포)
증상	심한 통증, 무수히 많은 물집(보통은 평생 단 한 번 발병)

찌르는 듯한 통증에서 무수히 많은 물집으로

대상포진에 걸리면 몸의 좌우 한쪽에 무수히 많은 물집이 생긴다. 대상포진이라는 병명은 이 물집이 마치 띠처럼 보이는 데서 유래했다.

대상포진에 걸렸을 때 맨 처음 나타나는 증상은 통증이다. 대체로 매우 심한 통증이 수일~1주일 정도 지속된다.[3] 다음으로 붉은 발진이 나타나고, 발진 위에 작은 물집(포진)이 생기는데, 이 물집은 곧 팥알 크기로 커진다. 처음에 투명했던 이 물집은 머지않아 고름이 가득 찬 물집(농포)으로 변하고, 6~8일 후에 터진다. 그리고 물집이 터진 자리는 짓무르거나 궤양으로 변해 딱지가 생긴다. 딱지가 떨어지고 약 3주 전후로 완치된다.

수두대상포진바이러스에 면역이 없는 성인은 감염됐을 때 폐렴 등을 일으켜 중증화하기 쉽다. 특히 임신부는 태아에게 감염되기도 하므로 주의해야 한다. 아토피 피부염을 앓는 사람 역시 대상포진이 중

---

3   바이러스는 과로나 스트레스, 나이 증가, 악성 종양, 에이즈 등의 면역 결핍 질환, 방사선 조사 등으로 면역력이 떨어졌을 때 활성화한다.

증화하기 쉽다.

대부분 평생 단 한 번만 걸리지만, 면역력이 약해지는 질환을 앓고 있는 사람이나 고령자 중에는 재발하는 환자가 늘고 있다. 특히 고령자는 골치 아픈 후유증인 대상포진 후 신경통이 생기기 쉬운데, 대상포진 후 신경통이 발병하면 찌르는 듯한 통증이 지속된다.

14

입술헤르페스

찌르는 듯한 통증을 느낀 다음 입 주변에 물집이 생기는 입술헤르페스는 단순헤르페스바이러스 1형에 감염되어 발병한다. 감염되더라도 바이러스가 죽지 않아 계속 재발한다.

전염력이 강한 단순헤르페스바이러스

감기에 걸리거나 고열이 날 때, 헤르페스바이러스 보균자라면 몸 상태가 좋지 않을 때 종종 입술이나 입 주변에 물집과 함께 염증이 생긴다. 물집은 스트레스를 받았거나 피로할 때, 스키장 또는 해수욕장에서 자외선을 많이 쏘였을 때도 생기는데, 이 물집의 원인이 바로 **단순헤르페스바이러스다.**

단순헤르페스바이러스에는 1형과 2형이 있으며, 입술헤르페스의 원인은 단순헤르페스바이러스 1형이다. 발진이나 물집은 입 말고도 팔에 생기기도 한다.[1]

처음 감염되었을 때는 1형, 2형 모두 몸의 어느 부위에서든 발병한다. 발병하면 발진, 물집 등이 생긴다. 1형은 대개 삼차 신경[2]의 신경절에 잠복하므로, 삼차 신경의 지배 영역인 얼굴을 중심으로 상반신

---

1   증상이 나타나는 부위에 따라 입술헤르페스, 헤르페스치은구내염, 얼굴헤르페스로 구분한다. 가장 많은 질환은 입술헤르페스다. 2형은 대부분 하반신에 잠복하며 증상이 생식기를 비롯한 하반신에 나타난다. 「41. 생식기 헤르페스바이러스 감염증」 참조.
2   삼차 신경이란 뇌에서 눈신경, 위턱신경, 아래턱신경으로 이어지는 신경이다.

병원체	단순헤르페스바이러스 1형(사람헤르페스바이러스 1형)
감염 경로	처음에는 접촉 감염이나 비말 감염 (사람 대 사람으로 감염. 부모가 자녀에게 옮기기도 한다.)
잠복 기간	잠복해 있던 바이러스가 스트레스나 피로 등으로 면역력이 떨어졌을 때 재활성화
주요 서식지	처음 감염된 후, 삼차 신경절 내 신경 세포
증상	입술이나 입 주변에 찌르는 듯한 위화감과 물집. 팔 등에 발진이나 물집이 생기기도 한다. 대부분 재발한다.

에 증상이 나타난다. 증상은 10일~2주에 걸쳐 서서히 누그러든다.

과거에는 대부분 어릴 때 감염되었으나 최근에는 성인이 된 후에 감염되는 사람이 늘고 있다. 어릴 때 걸리면 대체로 가볍게 앓고 지나가지만, 성인이 되어 걸리면 중증화하기 쉽다.

계속해서 재발하는 것이 특징

단순헤르페스바이러스의 감염 경로는 바이러스가 붙은 환부나 손을 통해 감염되는 접촉 감염 또는 침 등을 통해 감염되는 비말 감염이다.

입술헤르페스가 발병한 사람의 물집이나 짓무른 입속 점막에는 무

재발했을 때의 경과

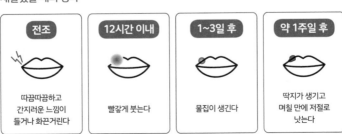

전조	12시간 이내	1~3일 후	약 1주일 후
따끔따끔하고 간지러운 느낌이 들거나 화끈거린다	빨갛게 붓는다	물집이 생긴다	딱지가 생기고 며칠 만에 저절로 낫는다

수히 많은 바이러스가 산다. 이 환부에 닿은 손가락이나 물건 등을 매개로 바이러스에 감염된다.[3]

여러 번 재발하는 것이 입술헤르페스의 특징[4]이므로, 전문의의 정확한 진단이 중요하다.

---

3 환부를 만진 환자의 손을 만지거나 환자가 사용한 수건 또는 컵을 그대로 사용하거나 환자와 키스하면 감염될 위험이 있다.
4 단순 헤르페스바이러스 1형의 재발 횟수는 남성 2.2회, 여성 2.1회.

15

아메바이질

아메바이질은 말라리아와 더불어 전 세계에서 발생하는 주요 감염병이다. 오염된 식수나 신선식품을 섭취하여 감염되는 경구 감염 외에도 최근 남성 동성애자 간의 성 감염이 눈에 띈다.

맨눈으로는 보이지 않는 원충감염병

병원체인 **이질아메바**는 인체에 기생하는 성질이 있는 아메바 상태의 원충이다. 이 원충에는 위족을 뻗어 활발하게 운동하는 영양형, 운동성이 없고 분열도 하지 않으며 공처럼 생겨서 단단한 껍데기로 몸을 보호하는 포낭(시스트), 두 시기가 있다.

감염은 이 포낭이 포함된 물이나 채소, 어패류 등을 먹으면서 시작된다.[1] 포낭은 소장 부근에서 바깥쪽 껍데기가 벗겨지고, 밖으로 튀어나와 아메바가 된다. 분열을 거듭해 대장에 도착할 무렵에는 영양형으로 변한다. 영양형은 대장 벽을 마구 헤집고 다니며 증식하여 아메바이질을 일으킨다. 증상이 심해지면 혈변을 보게 되는데, 이 증상이 세균성이질과 비슷하여 아메바이질이라는 병명이 붙었다. 이질균이 일으키는 이질과는 다른 질환이다.

이르면 감염된 지 약 1주일 후 대장 벽에 구멍이 나며, 이 구멍을

---

1 영양형은 위에서 소화되므로 전염력이 없다.

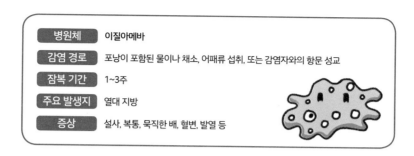

병원체	이질아메바
감염 경로	포낭이 포함된 물이나 채소, 어패류 섭취, 또는 감염자와의 항문 성교
잠복 기간	1~3주
주요 발생지	열대 지방
증상	설사, 복통, 묵직한 배, 혈변, 발열 등

통해 연이어 안으로 들어온 영양형이 대장 벽을 넓고 깊게 헤집어놓는다. 이리하여 장 조직이 심각하게 손상되어 복통, 설사 증상이 나타난다.

증식한 일부 영양형은 혈류를 타고 간으로 이동해 아메바성 간농양이라는 병태가 된다. 중년 남성이 잘 걸린다.

이질아메바는 기생충이므로 숙주를 찾아 옮겨 다녀야 한다. 영양형인 채로 있으면 대변과 함께 배출되어 살아남지 못하므로, 대장에서 포낭으로 바뀐다. 밖으로 나온 포낭은 다음 감염자를 기다린다.

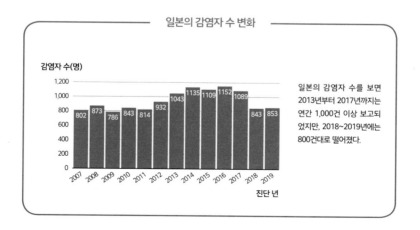

일본의 감염자 수 변화

감염자 수(명)

일본의 감염자 수를 보면 2013년부터 2017년까지는 연간 1,000건 이상 보고되었지만, 2018~2019년에는 800건대로 떨어졌다.

진단 년

참고로 아메바이질은 동성 간의 성 감염으로 많이 걸리는 점이 특
징이다.[2]

---

2 특히 남성 동성애자 사이에서 입이나 항문 성교로 많이 감염된다.

16

에키노코쿠스증

주요 원인은 북방여우로, 일본의 홋카이도 북부에서 많이 발병한다. 잠복 기간이 10년이 넘기도 하므로 발견하기가 어려운 감염병이다. 야생동물과 가까이하지 않는 것이 중요하다.

잠복기가 길어서 심각한 감염병

에키노코쿠스증의 원인은 **에키노코쿠스**라는 기생충(조충)으로, 오랜 잠복기를 거치며 병이 진행된 후에 증상이 나타난다.[1] 일본에서는 홋카이도 북부에서 많이 볼 수 있다.

에키노코쿠스는 북방여우나 개, 너구리 등 갯과를 중심으로 한 육식 동물의 장에서 증식한다. 대변에 섞인 겨우 0.03mm 정도의 난포가 어떤 이유로 입으로 들어와 감염된다. 물론 난포를 내보낸 동물도 발병하므로 인수 공통 감염병에 속한다.

부화하여 유충이 된 에키노코쿠스는 주로 간에서 성장과 증식을 반복하지만, 수년에서 10년 이상 자각 증상이 없다가, 마지막에 황달, 발열을 비롯한 각종 간 기능 장애가 일어난다.

---

1 조충은 편형동물 가운데 성체가 인체의 소화 기관에 자리 잡은 기생충이다. 홋카이도의 북위 38도가 넘는 지역에 많으며, 일본에서는 매년 20명 정도 감염된다.

병원체	편형동물문에 속하는 에키노코쿠스
감염 경로	코·목·기관을 통한 비말 감염, 접촉 감염
잠복 기간	성인은 약 10~20년, 어린아이는 약 5년
주요 발생지	시베리아, 남북아메리카, 지중해 지역, 중동, 중앙아시아, 아프리카, 일본에서는 주로 홋카이도
증상	초기 증상은 거의 없지만 오랜 시간에 걸쳐 간에 병소가 형성된다. 간 비대, 황달 등을 일으킨다.

걱정된다면 진단을

에키노코쿠스의 알은 열에 약하므로 60℃의 물에서 10분 정도 가열하면 죽지만, 분포나 감염 상황이 명확하게 밝혀지지 않아서 경로를 정확하게 추적하기 어렵다.[2]

예방하려면 연못물이나 우물물을 포함하여 어떤 물이든 반드시 끓여서 마시고, 산나물 등을 먹을 때는 깨끗이 씻어야 한다. 또 여우와 가까이하지 않고, 집에서 키우는 강아지에게는 구충제를 먹이는 것이 좋다.

홋카이도의 네무로반도에서는 20년쯤 전에 북방여우에게 구충제를 먹인 결과 실제로 감염률이 떨어진 것이 확인되었지만, 드넓은 홋카이도 전역에서 이렇게 대응하기는 현실적으로 불가능하다.

야생동물에 먹이를 주는 등 인간과 야생동물의 거리를 좁히는 경솔한 행동은 삼가야겠다.

----

2 홋카이도에 사는 개의 감염률은 0.2~1.1%로 추정된다. 이 개가 홋카이도 밖으로 이동하면 에키노코쿠스증이 일본 전역에 퍼질 수 있다. 실제로 일본 아이치현 등에서 감염자가 나왔다.

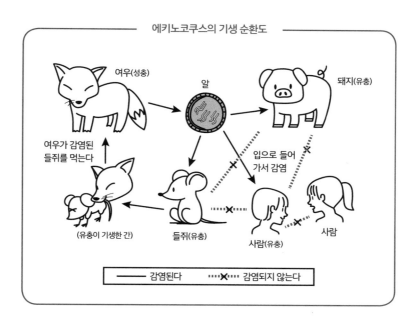

에키노코쿠스의 기생 순환도

여우(성충)

알

돼지(유충)

여우가 감염된
들쥐를 먹는다

입으로 들어
가서 감염

(유충이 기생한 간)

들쥐(유충)

사람(유충)

사람

—— 감염된다 ·····✕····· 감염되지 않는다

17

진드기매개뇌염

진드기매개뇌염은 진드기매개뇌염바이러스를 보유한 진드기에 물려서 감염된다. 진드기는 해발 1,000m 이상 1,400m 이하의 삼림이나 초원에 많고 여름철에 활동하므로 주의해야 한다.

삼림 지대와 초원에서 많이 감염된다

진드기매개뇌염바이러스를 보유한 진드기는 동유럽(헝가리, 체코, 오스트리아 등)을 중심으로 삼림 지대와 초원, 유행 지역에서는 도시부에서도 서식한다. 보고에 따르면 이 지역에서는 진드기매개뇌염 환자가 해마다 1만 명 정도 발생한다. 일본에서는 홋카이도에서 1989년부터 2018년 사이에 5명의 감염자가 나왔고 이 중 2명이 사망했다.

무서운 질환은 뇌척수염

진드기매개뇌염은 플라비바이러스를 보유한 진드기류에 물렸을 때 걸리는 바이러스성 중추신경계 감염병이다. 감염되면 두통, 발열, 구토 등 수막염[1] 증상이 서서히 나타난다. 더 진행되어 뇌척수염[2]이 발병하면 정신 착란, 혼수, 경련, 마비 등의 중추신경계 증상이 나타난다.

---

1 머리뼈와 뇌를 보호하는 막에 바이러스 등이 감염되어 생기는 염증.
2 신경에 장애를 일으키는 병으로, 뇌와 척수에 일어나는 각종 염증의 총칭.

병원체	진드기매개뇌염바이러스(플라비바이러스속)
감염 경로	뇌염바이러스를 보유한 진드기에게 물려서 감염
잠복 기간	3~4일
주요 발생지	동유럽, 일본 홋카이도의 삼림과 초원
증상	수막염 증상인 두통, 발열, 구토 등

감염 방지 대책

유행 지역에서는 쓸데없이 삼림이나 초원에 들어가지 말아야 한다. 진드기류의 활동 시기는 3~11월로, 특히 더운 여름철이 절정이다. 트레킹을 하거나 산나물을 딸 때는 노출이 적은 긴소매, 긴바지를 입는 것이 원칙이다. 진드기가 서식할 만한 장소에서 오랜 시간 앉아 있거나 캠프를 해도 안 된다. 디트(DEET) 성분이 든 벌레 기피제, 진드기 퇴치 스프레이도 효과적이다.

진드기가 달라붙기 쉬운 곳은 두피, 허리 부근, 가슴 아래, 겨드랑이 밑 등 살이 말랑말랑한 곳이다.

진드기에게 물렸다면 즉시 피부과로 가서 진드기의 머리 부분이 남지 않게 제거해야 한다. 피부에 붙은 진드기는 스스로 무리하게 떼어내지 말

진드기에 물리지 않도록 피부 노출을 줄인다

어깨에 수건을 두른다

셔츠 소매는 장갑 속에 넣는다

바짓단은 장화 속에 넣는다

고 진드기의 입틀이 남지 않도록 병원에 가서 치료받자.

또 해외에서는 진드기매개뇌염바이러스로 오염된 생우유를 마시고 발병한 사례도 있으므로 조심해야 한다.

18

쯔쯔가무시병

병원체를 보유한 털진드기는 가을부터 초겨울, 또는 봄부터 초여름에 알에서 부화해 땅 위로 모습을 드러낸다. 그리고 영양분을 섭취하기 위해 옷 틈 등으로 들어와서 피부에 달라붙는다.

쯔쯔가무시병은 일본 고유의 질병

털진드기(일본어로 쯔쯔가무시)는 일생을 대부분 땅속에서 보낸다. 5~6월에 알에서 부화한 유충은 성장하는 데 필요한 영양분을 얻기 위해서 사람이나 작은 동물의 피를 빨아먹는다. 그리고 약충이 되면 땅속으로 들어가 성충이 된다. 땅속에서는 곤충의 알 등을 먹고 산다.

쯔쯔가무시병은 **오리엔티아 쯔쯔가무시**(크기는 대략 $0.5 \times 2.5 \mu m$)라는 리케차(세균의 한 종류)에 감염된 털진드기가 사람을 물어서 감염되는 병이다. **이 병원체는 털진드기의 세포 속에 기생한다.** 태어날 때부터 오리엔티아 쯔쯔가무시를 보균한 해충 털진드기는 빨간털진드기, 활순털진드기, 대잎털진드기의 세 종류로, 각각 진드기의 0.1~0.3%를 차지한다.

쯔쯔가무시병은 일본에서 홋카이도를 제외한 거의 전국에서 발생하며, 감염자 수는 매년 400~500명 정도다. 이 진드기의 흡착 시간은 1~2일로, 보

털진드기

병원체	오리엔티아 쯔쯔가무시(리케차)
감염 경로	병원체를 보균한 털진드기에 물려서 진드기가 피부에 흡착
잠복 기간	5~14일
주요 서식지	일본에서 홋카이도를 제외한 전국
증상	39℃ 이상의 고열, 두통, 권태감, 몸에 발진

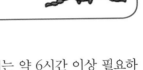

고에 따르면 사람에게 병원체를 옮기기까지는 약 6시간 이상 필요하다고 한다.

늦게 치료하면 중증화로 사망하기도

증상에는 발열, 두통, 발진[1]이 있다. **발열, 물린 자국, 발진의 삼박자를 갖추면 쯔쯔가무시병으로** 진단한다. 또 물린 자국 주변과 온몸의 림프샘이 부어오르고, 물린 곳은 거무스름한 딱지처럼 변한다. 치료에는 테트라사이클린이나 미노사이클린 등의 항생제가 효과적이다.

쯔쯔가무시병을 예방하려면 털진드기가 서식할 만한 야산이나 논밭, 하천 부지를 조심하면서 디트 성분이 포함된 벌레 퇴치 스프레이를 적절하게 사용하면 좋다. 옷 틈을 통해 몸속으로 들어오기도 하니 집에 돌아가면 옷을 갈아입고 샤워하는 것도 효과적이다. 쯔쯔가무시병을 예방하는 백신은 없으니, 무엇보다 진드기가 달라붙지 않게 조심하자.

---

1 비슷한 리케차증에 일본 홍반열이나 SFTS(중증열성혈소판감소증후군)가 있다. 쯔쯔가무시병보다 잠복기가 짧으며 중증으로 발전하기도 한다.

19

헬리코박터파일로리 감염증

위는 위산(성분은 염산)을 분비하여 항상 산성을 유지한다. 이처럼 산성인 사람의 위에 사는 파일로리균에 감염되면 위염이나 위궤양 등이 쉽게 재발한다.

산을 중화하여 위 속에 사는 세균

파일로리균[1]은 균체 끝에 편모가 4~8가닥 정도 붙은 세균으로, 실로 그 형태가 기묘하다.

위는 위산 덕분에 강한 산성을 유지하지만, 파일로리균은 위점막 속 요소를 암모니아와 이산화탄소로 분해하는 효소를 분비한다. 그리고 이 암모니아로 위산을 중화하여 위의 점막 표면에 산다.

파일로리균에 감염되면 급성 위염이나 만성 활동성 위염에 쉽게 걸린다. 만일 치료하지 않으면 위궤양, 십이지장궤양이 툭하면 재발한다. 더군다나 궤양과 같은 염증이 있으면 DNA에 쉽게 상처가 생기므로 오랜 시간에 걸쳐서 위암의 원인이 된다.

파일로리균을 제균했을 때의 장단점

감염률은 발전도상국에서 높게 나타난다. 발전도상국에서는 성인의

---

1   정식 명칭은 헬리코박터파일로리.

병원체	헬리코박터파일로리(파일로리균)
감염 경로	면역력이 약한 영유아 무렵, 엄마가 음식물을 입에 넣었다가 주는 행동 등으로 감염되어 위에서 증식한다.
잠복 기간	감염 후 증상이 나타나기까지 무려 수년, 수십 년이 걸린다.
주요 서식지	위
증상	위염이나 위궤양, 십이지장궤양이 계속 재발하여 위암에 걸릴 위험이 커진다.

70~80%가 파일로리균에 감염되어 있다.

일본인의 경우 세대 차가 커서, 만 40세 이상에서는 70%, 20세 이하에서는 10~20%가 파일로리균에 감염된 상태라고 한다.

또 파일로리균의 감염 여부는 혈액 검사로 알 수 있다.[2]

파일로리균을 없애는 데는 항생제와 위산 분비 억제제를 사용한다.[3] 균을 없애면 위산이 더 많이 분비된다. 균을 없앴을 때의 장점은 위궤양과 십이지장궤양의 재발을 막을 수 있고, 만성 위염이 개선되며, 위암에 걸릴 위험성이 낮아진다는 점이다. 한편, 단점은 역류성 식도염이 생길 가능성이 커져 식도암(특히 샘암)에 걸릴 위험성이 증가한다는 점이다.

위험성만 따지면 파일로리균에 감염되어 위암으로 발전하는 쪽이 더 크다.

---

2 검사는 비교적 저렴하며 몸에 미치는 부담도 적다.
3 요소 시약을 마신 후, 날숨에서 이 요소가 분해된 이산화탄소가 나오는지를 검사하는 요소 호기 검사로 균이 사라졌는지의 여부를 판단한다.

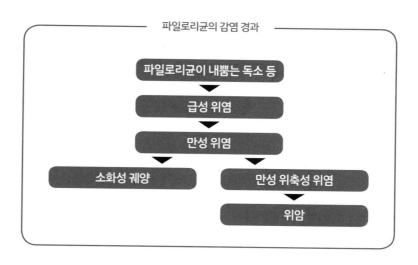

파일로리균의 감염 경과

파일로리균이 내뿜는 독소 등

급성 위염

만성 위염

소화성 궤양

만성 위축성 위염

위암

20

백선균이 일으키는 진균증

진균증을 대표하는 무좀과 고부백선은 수많은 감염병 중에서도 가장 발생률이 높아서 감염된 사람이 전체 인구의 약 10%를 가뿐히 넘는다고 한다.

백선균은 곰팡이의 사촌

무좀, 고부백선의 원인은 곰팡이의 사촌인 **백선균**(피부사상균)이다.

무좀은 주로 발바닥이나 발가락 사이에, 체부백선은 몸에, 고부백선은 사타구니에 생긴다. 때로는 손발톱에도 감염되는데, 이 질환이 바로 흔히 말하는 손발톱 무좀이다. 두피에 생기는 두부백선도 백선균이 그 원인이다.

증상으로는 붉은 반점이 나타나고, 더 진행되면 구진(피부 표면에 돋아나는 작은 병변), 물집, 고름 찬 물집이 생기며 짓무른다. 백선균이 각질을 분해하여 점점 균사를 뻗어나가면 가려움증을 느끼게 된다.

여기까지 진행되면 우리 몸도 갑자기 들어온 이물질에 반응하므로 염증[1]이 생긴다. 이때 백선균은 균사가 점차 부풀어 올라 공처럼 변한 상태에서 우리 몸의 공격을 버틴다. 공 모양의 세포 중 몇 %는 살아남아 염증이 진정될 무렵에 다시 균사를 뻗어나간다. 무좀이 좀처

---

1 염증은 백혈구나 삼출액 속의 살균 물질이 백선균을 공격하는 곳에서 일어난다.

병원체	백선균
감염 경로	맨발에 닿아 감염(접촉 감염), 사람 대 사람으로 감염. 수건, 발 매트, 슬리퍼 등 한집에 살아 함께 쓰는 물건이 많은 사람에게 쉽게 전염된다.
잠복 기간	수영장이나 목욕탕, 온천에서도 감염되며, 감염되기까지 최소 24시간이 걸린다. 감염 후 오랜 기간 잠복하기도 한다.
주요 서식지	무좀은 발바닥이나 발가락 사이 등, 체부백선은 몸 표면 전체, 고부백선은 사타구니, 두부백선은 두피
증상	무좀은 물집, 짓무름, 가려움증. 체부백선과 고부백선은 작고 둥근 홍반과 그 주위에 습진, 가려움증. 두부백선은 건조한 생선 비늘 같은 반점, 원형 탈모, 또는 둘 다 나타나기도 함, 가려움증

럼 낫지 않는 이유는 이처럼 일종의 내구성 좋은 세포로 변신하기 때문이다.

또 무좀 등은 이미 죽은 세포인 각질층에만 감염되므로 면역이 잘 생기지 않는다. 완치되었다가 또다시 감염되는 이유는 여기에 있다.

진균증은 사람 대 사람, 반려동물 대 사람 등의 경로로 감염된다. 대부분 함께 운동하면서 접촉하거나, 반려동물 또는 가축을 만져서 감염된다.

무좀의 예방과 치료

매일 샤워하고 비누로 씻는 등 청결한 생활을 하도록 노력해야 한다. 몸을 씻은 후에는 물기를 모두 닦고 충분히 말리자.

욕실 매트, 수건, 슬리퍼 등은 따로 사용하고, 통기성 좋은 양말과 신발을 신자. 또 신발을 오래 신는 습관을 버리자.

무좀 약에는 바르는 약
과 먹는 약이 있다. 성분
을 보면 시중에서 파는 약
이나 병원에서 처방하는
약이나 거의 똑같다(물론
병원에서 처방하는 약이 훨씬
강력하다).

손발톱 백선, 피부가 두
껍고 단단하게 변하는 각
화형 무좀은 의사에게 진

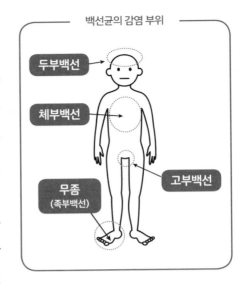

백선균의 감염 부위

두부백선

체부백선

고부백선

무좀
(족부백선)

찰받고 약을 먹어야 한다. 최소 2개월 정도 복용해야 효과가 있다.

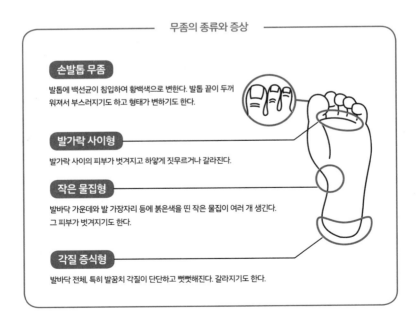

무좀의 종류와 증상

손발톱 무좀
발톱에 백선균이 침입하여 황백색으로 변한다. 발톱 끝이 두꺼
워져서 부스러지기도 하고 형태가 변하기도 한다.

발가락 사이형
발가락 사이의 피부가 벗겨지고 하얗게 짓무르거나 갈라진다.

작은 물집형
발바닥 가운데와 발 가장자리 등에 붉은색을 띤 작은 물집이 여러 개 생긴다.
그 피부가 벗겨지기도 한다.

각질 증식형
발바닥 전체, 특히 발꿈치 각질이 단단하고 뻣뻣해진다. 갈라지기도 한다.

제 3 장

식중독을 일으키는
감염병

21

식중독이란 대체 무엇일까?

우리 주변에서 가장 흔한 감염병 중 하나는 세균이나 바이러스에 감염되어 걸리는 식중독이다.
식중독을 예방하려면 병원체를 묻히지 않고, 늘리지 않고, 씻어내고, 철저히 소독해야 한다.

우리 주변에 숨어 있는 식중독의 위험성

식중독이란 유해하거나 유독한 물질이 든 음식물이나 음료수를 섭취함으로써 걸리는 병을 말한다. 주로 장을 비롯한 소화 기관계 증상(설사, 구토, 복통, 발열 등)이 나타난다.

식중독의 원인은 크게 세 가지, 즉 **미생물**(세균, 곰팡이, 바이러스), **자연 독**(복, 조개, 버섯 등), **화학 물질**로 나뉜다. 그 밖에 고래회충과 같은 **기생충**이 원인인 식중독도 있다.

이 중 식중독에 가장 큰 영향을 끼치는 병원체는 미생물이다. 과거와는 달리 요즘 식품에는 염분과 당도가 낮은 제품이 많아서 미생물이 더 빨리 증식한다.

우리 주변에는 항상 식중독의 위험이 도사리고 있다고 해도 지나치지 않다. 일본 후생노동성에 보고된 내용에 따르면, 2017년부터 2019년까지의 3년간 식중독 환자 수는 연간 1만 3,000명~1만 7,000

원인균·바이러스	2019년	2018년	2017년	3년 합계
노로바이러스	6,889	8,475	8,496	23,860
캄필로박터	1,937	1,995	2,315	6,247
웰치균	1,166	2,319	1,220	4,705
살모넬라	476	640	1,183	2,299
포도상구균	393	405	336	1,134
기타 병원성대장균	373	404	1,046	1,823
장관출혈성대장균	165	456	168	789
세레우스균	229	86	38	353
합계	11,628	14,780	14,802	41,210

(자료: 일본 후생노동성. 단위: 명)

명 정도였다.[1] 환자 수는 노로바이러스, 캄필로박터, 웰치균, 살모넬라, 병원성대장균, 포도상구균 순으로 가장 많았으며, 이 상위 6위까지의 병원체가 세균·바이러스 환자 수의 대부분을 차지했다.

감기나 배탈이 사실은 식중독일지도

미국에서는 적극적으로 역학 조사[2]를 하여 식중독의 실제 발생 상황을 추정한다. 조사에 따르면 미국에서는 해마다 650만~3,300만 명이 식중독에 걸린다고 한다.

미국의 인구는 일본 인구의 거의 2배이므로, 일본에서는 대략 연간 300만~1,000만 명이 식중독에 걸리는 셈이다. 즉 실제 식중독 건

---

1 식중독 통계는 환자를 진찰한 의사가 보건소에 보고하고, 이후 보건소에서 중앙자치단체의 위생부에, 위생부에서 후생성에 보고한 내용을 정리한 것이다.

2 역학 조사란 사회 집단을 대상으로 질병 등이 언제, 어디에서, 누구에게, 어떤 식으로 발병했는가 등을 조사하는 것이다. 결과를 수치로 정리하여 대책 마련에 사용한다.

수는 적어도 후생노동성에 보고된 식중독 건수의 100배가 넘는다.

　감기나 배탈이라고 생각했던 질환은 사실 식중독이었을지도 모른다. 가정에서 발생하는 식중독은 증상이 가볍고 보통 한두 명만 발병하므로 알아차리기 어렵다.

냉장고를 절대 과신하지 말 것

세균성 식중독 중에 가장 흔한 질환은 캄필로박터균이 일으키는 식중독[3]이다. 캄필로박터균은 저온에 강해서 4℃에서도 오랜 기간 생존한다. 이 말은 곧 냉장고를 절대로 과신해서는 안 된다는 뜻이다.

　사실 **세균이나 바이러스성 식중독은 음식물을 냉장실에 보존해도 막기 어렵다.** 냉장고에서는 세균이나 바이러스가 죽지 않기 때문이다.

　냉장고는 세균이나 바이러스를 늘리지 않는 데 효과적일 뿐, 죽이는 데는 효과가 없다는 사실을 기억해두자.

식중독에 걸리지 않으려면

세균이나 바이러스성 식중독은 음식물을 진공 보존하여 병원체의 증식을 막고, 열을 가해 살균하면 대체로 예방할 수 있다.

　그러나 황색포도상구균이 내뿜는 독소처럼 내열성이 높거나 보툴리누스균처럼 내진공성이 높은 세균도 있으므로, **세균을 묻히지 않고, 늘리지 않으며, 죽이는 것이 중요하다.**

-----

3 「24. 캄필로박터 식중독」 참조.

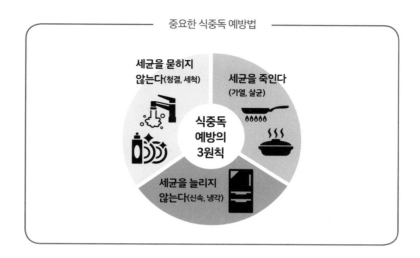

냉장고를 지나치게 의지하지 말고 똑똑하게 사용하자. 냉장고에 식품을 보관할 때는 원칙이 있다.

- 오염 · 건조 · 변색 · 냄새를 막기 위해서 식품을 랩으로 싼다.
- 냉장실과 냉동실을 꽉 채우지 않는다. 50% 정도를 기준으로 삼고, 꽉 채우더라도 70% 정도만 채운다.
- 냉장고의 온도 관리 기준은 냉장실은 10℃ 이하, 냉동실은 -15℃ 이하이다. 대부분 세균은 약 37℃에서 가장 활발하게 증식한다. 10℃에서는 느리게 증식하고, -15℃에서는 증식하지 않는다.[4]
- 뜨거운 식품은 식혀서 넣는다.
- 쓸데없이 냉장고 문을 열지 않는다. 문을 열었으면 꼭 닫는다.

---

4 세균은 죽지 않고 살아 있으므로, 냉장고를 과신하지 말고 유통기한이 가까운 식품, 사용하고 남은 식재료는 눈에 잘 띄는 곳에 두어 빨리 소비한다.

노로바이러스 식중독

과거에는 방송 매체 등에서 '식중독은 여름에 많이 걸린다. 여름철에는 식중독에 주의하자'라는 말을 많이 들었다. 하지만 환자 수가 가장 많은 노로바이러스 식중독은 겨울철에 가장 많이 걸리므로, 식중독은 여름에 걸린다는 인식은 많이 개선되었다.

감염자의 토사물이나 변을 통해, 다른 사람에게 잇달아 감염된다

노로바이러스 식중독은 **노로바이러스**[1]로 오염된 생굴을 먹으면 걸릴 수 있다. 감염된 사람의 변이나 토사물, 혹은 이것들이 건조되면서 생기는 티끌이나 먼지에 포함된 노로바이러스가 입으로 들어가 감염되기도 한다.

노로바이러스는 건조에 강해서 60℃ 정도의 온도나 위산에서도 죽지 않는다. 따라서 감염자가 사용한 화장실이나 손잡이 등을 만지면 바이러스가 입에 들어가 퍼지게 된다. 가장 위험한 감염원은 감염자의 토사물과 변이다.

일반적으로 세균성 식중독은 여름철에 유행하지만, 노로바이러스 식중독은 **대체로 겨울철에 발생한다**. 특히 12월에서 1월에 환자 수가 절정을 이룬다.

노로바이러스는 가을철에 어린아이나 고령자 등 면역력이 약한 집

1 　지름 30~38nm 정도의 정이십면체로, 바이러스 중에서도 작은 편이다.

병원체	노로바이러스
감염 경로	오염된 손, 식품 등을 통해 경구 감염
잠복 기간	24~28시간
증상	구토, 설사, 복통 등

단이 먼저 감염되어 유행한다. 이후에 아이나 고령자와 접촉한 성인에게 전염되고 성인이 요식·식품 업계에 바이러스를 퍼뜨림으로써 식중독이 발생한다. 해마다 이와 같은 상황이 되풀이된다.

심하면 하루에 10번도 넘게 물 설사를 한다

노로바이러스에 감염되면 비세균성 급성 위장염을 일으켜서 물 설사와 돌발성 구토를 하게 된다. 때때로 복통, 발열이 함께 나타나기도 한다. 잠복기는 1~2일이다.

환자의 대변 1g에는 약 20억 마리, 토사물 1g에는 약 2,000만 마리의 노로바이러스가 들어 있으며, 10~100마리로 감염된다고 한다.[2]

노로바이러스 식중독을 예방하려면

노로바이러스에는 엔벌로프가 없으므로 알코올 소독은 효과가 거의 없다. 흐르는 물과 비누로 씻어내는 방법이 가장 좋은 예방법이다.

또 굴을 비롯한 조개류는 중심 온도 85~90℃에서 90초 이상 충분

---

2 최근에는 무증상 감염자에 의한 집단 감염이 많이 발생한다. 무증상 감염자의 대변에는 유증상 감염자와 마찬가지로 바이러스가 많이 포함되어 있다는 사실이 밝혀졌다.

히 가열하고, 조리 기구는 열탕 소독 또는 염소 소독한다.[3] 식중독 예방 원칙은 '깨끗하게 손 씻기', '완전히 익히기'이다.

가족이 감염되었다면

가족이 노로바이러스에 감염된 듯하다면 병원으로 데리고 가서 진찰받아야 한다.

주요 증상은 설사이므로 탈수를 일으키지 않도록 수분을 충분히 섭취하게 한다. **감염되면 증상이 누그러져도 몇 주간은 바이러스가 대변으로 계속해서 나온다.** 토사물이나 설사에 포함된 바이러스가 공중에 흩어져 공기 감염되기도 하므로, 토사물을 처리하거나 화장실을 사용한 후, 식사하기 전에는 손을 깨끗하게 씻는 것이 중요하다.

토사물은 다음과 같은 순서로 처리한다. 생각보다 훨씬 많은 양이 공기 중에 흩어지므로, 빠르고 빈틈없이 처리하자.

───── 토사물 처리 방법 ─────

① 일회용 장갑과 마스크를 착용한다.
② 대변이나 토사물로 오염된 바닥은 걸레에 염소 소독액을 묻혀서 닦고 소독이 되도록 잠시 그대로 둔다.
③ 대변이나 토사물은 키친타월 등으로 조심스럽게 닦아낸다.
④ 더러워진 걸레는 염소 소독액에 담가 소독한다.
⑤ 사용한 장갑과 마스크 등, 버려야 할 물건은 비닐봉지에 넣어 밀폐한다.
⑥ 손을 깨끗이 씻는다.

────────────────────────

3 염소계 소독액으로는 차아염소산나트륨이 들어간 가정용 염소계 표백제를 물로 희석하여 사용한다.

웰치균 식중독

웰치균은 고온에 견디는 내열 아포 상태로 변하므로, 열을 가해 조리해도 살아남는다. 따라서 카레나 스튜, 수육처럼 삶거나 끓이는 음식에서도 증식한다.

고온에 강하고 20~50℃에서 증식

웰치균은 대장 내 상재균으로, 하수, 시내, 강, 바다 등 우리 주변에 널리 존재한다.

웰치균이 포함된 클로스트리듐속 세균은 **혐기성**으로, 산소 농도가 낮은 곳에서 증식한다. 웰치균에는 몇 가지 유형이 있는데, 독소를 만들어내는 유형의 웰치균이 몸에 대량 들어오면 식중독에 걸린다.

웰치균은 내열 아포라고 해서 고온에 견디는 상태로 변한다. 이 상태에서는 **100℃로 가열해도 1~5시간 정도 견딘다**고 한다. 또 50℃ 정도까지 온도가 떨어지면 급속하게 증식하기 시작한다. 42~47℃에서 가장 활발하게 증식하고, 이 온도에서는 10분에 한 번꼴로 빠르게 분열한다. 37℃ 정도에서 독소를 가장 많이 만들어낸다.

대략 1g당 10만 마리 이상으로 늘어난 식품을 먹게 되면 웰치균에 감염되어 식중독에 걸린다.

병원체	웰치균
감염 경로	병원체가 증식한 식품을 섭취
잠복 기간	6~18시간(평균 10시간)
주요 서식지	동물의 장, 하수, 하천, 바다 등
증상	복통, 설사

장에서 독소를 만든다

식품을 통해 우리 몸으로 들어간 웰치균은 장에서 증식하면서 아포를 형성한다. 그리고 이때 독소를 합성한다. 그리고 이 독소가 장관 표면에 있는 세포와 결합하면 세포막에 구멍이 나서 세포가 죽게 됨으로써, 식중독 증상이 나타난다.

주요 증상은 복통과 설사다. 웰치균이 증식한 식품을 먹은 후 대략 6~18시간(평균 10시간) 만에 발병한다. 물 같은 변과 무른 변이 하루에 여러 번 나오며, 1~2일 만에 회복된다. 예후는 좋은 편이다.

앞에서 설명했듯이 웰치균의 특징은 42~47℃에서 가장 활발하게 증식한다는 점이므로, 카레, 스튜, 수육처럼 삶거나 끓인 음식으로 많이 감염된다. 모두 열을 가해 조리하는 음식이지만 내열 아포는 열에 강하므로, 가열 후 음식이 식으면서 세균이 증식하기에 적합한 온도를 통과할 때 그 수가 불어난다. 이와 같은 특성 때문에 급식을 통해 쉽게 감염된다. 한번 발생하면 많은 사람이 식중독에 걸리는 것 또한 웰치균 식중독의 특징이다. 일명 '급식병'이라고도 한다.

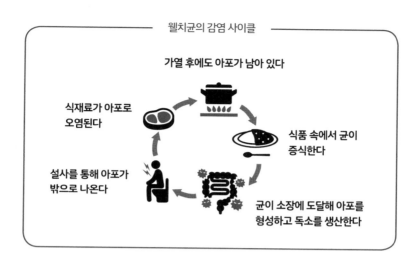

웰치균의 감염 사이클

가열 후에도 아포가 남아 있다

식재료가 아포로 오염된다

식품 속에서 균이 증식한다

설사를 통해 아포가 밖으로 나온다

균이 소장에 도달해 아포를 형성하고 독소를 생산한다

예방법

웰치균은 자연계에 흔한 세균이므로 식재료에 웰치균이 붙지 못하게 막을 수는 없다. 예방하려면 식품 1g당 웰치균이 10만 마리 이상 증식하지 못하게 해야 한다. **웰치균은 10~50℃에서 증식하므로 증식을 막으려면 식품을 이 온도에 두어서는 안 된다.**

커다란 냄비에 넣고 끓이거나 카레, 스튜 등을 많이 만들면 보온성이 높아져 웰치균이 선호하는 온도가 오래 지속된다. 이 사이에 웰치균이 대량 증식하므로, 특히 끓여서 하룻밤 숙성시키는 음식 등을 먹고 식중독에 걸리는 사람이 많다.

따라서 **열을 가해 조리한 식품은 작은 용기에 나누어 담고, 찬물이나 얼음으로 재빨리 식혀서 균의 증식을 막는 것이 중요하다.**[1]

---

1 조리 후 남은 열을 식힌 다음 냉장고에 보관해야 한다.

24

캄필로박터 식중독

소나 닭의 장관에 사는 캄필로박터균이 일으키는 감염병으로 복통, 설사, 발열과 같은 식중독 증상이 나타난다. 1~3주 후에 손발 마비나 안면 마비를 일으키는 '길랭·바레 증후군'이 발병하기도 한다.

식중독 사건 건수로는 1위

일본에서 발생하는 식중독 사건 중 세균성 식중독으로는 건수 1위[1]를 차지한다. 환자 수로도 1, 2위를 다툰다.

증상과 진단

캄필로박터 식중독의 특징은 잠복 기간이 2~5일로 비교적 길다는 점이다. 증상은 설사, 발열, 복통, 구토, 두통, 오한 등이지만, 증상만으로는 장관출혈성대장균, 살모넬라균, 장염비브리오 식중독과 구분하기 어렵다. 그러므로 진단 시에는 대변 검사를 하여 캄필로박터균이 검출되는지를 확인한다.

치료법

대부분 2~5일 만에 저절로 치유되므로 특별히 치료하지 않아도 괜

---

1 식중독 전체로는 노로바이러스 식중독이 가장 많다. 「22. 노로바이러스 식중독」 참조.

병원체	캄필로박터균
감염 경로	덜 익힌 고기 섭취
잠복 기간	2~5일
주요 서식지	소나 닭, 반려동물의 장내
증상	설사, 발열, 복통, 구토, 두통, 오한

찮다. 다만 중증화했을 때는 항생제를 사용하기도 한다. 어린아이, 고령자, 면역계 질환자는 드물게 중증화하기도 한다.

또 캄필로박터 식중독에 걸리고 1~3주 후에 **길랭·바레 증후군**이 발병하기도 한다. 길랭·바레 증후군은 손발 마비나 얼굴 마비, 호흡 곤란 등이 나타나는 신경계 질환이다. 발병하면 완치되기까지 몇 년이 걸리기도 하고 후유증으로 다리가 마비되기도 한다.

예방법

캄필로박터균은 비교적 고온에 약하므로 **75℃ 이상에서 1분 이상 가열하면 소독된다.** 또 고기를 만진 후에는 손에 묻은 캄필로박터균이 퍼지지 않도록 손을 깨끗이 씻어야 한다. 도마를 쓸 때는 생으로 먹는 샐러드 등을 먼저 조리하고 이후에 고기류를 조리하는 것이 좋다.

특히 캄필로박터균은 닭고기에서 많이 검출되므로, 닭고기를 먹을 땐 완전히 익혀 먹는 게 안전하다.

25

살모넬라 식중독

살모넬라 식중독은 대부분 원재료인 고기나 달걀이 살모넬라균에 오염되어 걸린다. 달걀이 살모넬라균에 조금 오염되어 있더라도 깨지 않았거나 깨지지 않아 신선한 달걀이라면 먹어도 안전하다.

장티푸스와 파라티푸스도 살모넬라의 사촌

살모넬라균은 닭이나 소 같은 가축 외에 반려동물이나 야생동물의 장에도 있다. 장관에 자리 잡고 사는 상재균이므로, 이 동물의 대변 속 균이 묻은 음식을 먹으면 감염된다.

사실 식중독을 일으키는 살모넬라균과 장티푸스를 일으키는 티푸스균, 파라티푸스를 일으키는 파라티푸스균은 모두 살모넬라속에 들어가는 사촌지간이다. 다만, 티푸스균과 파라티푸스균은 전신에 심각한 증상을 일으키므로, 일본에서는 법정전염병으로 지정하여 구별한다.

그러므로 티푸스균과 파라티푸스균을 제외한 그 밖의 살모넬라균이 일으키는 식중독을 살모넬라 식중독(살모넬라 감염증)이라고 한다.

일본에서는 날달걀을 먹을 수 있다!

주요 증상은 설사와 구토, 복통이고, 중증화하면 혈액이나 점액이 섞인 변이 며칠간 지속된다. 보통 생명에는 지장이 없지만 중증화하면

병원체	살모넬라균
감염 경로	식품을 통한 경구 감염. 원인이 되는 주요 식품은 소고기, 돼지고기, 닭고기, 달걀
잠복 기간	6~48시간(보통 한나절 정도)
주요 서식지	소, 돼지, 닭을 비롯한 가축 외에 반려동물, 야생동물도 보균하고 있으며, 대변 속에 있다.
증상	주로 물 설사를 하며, 구토, 복통, 발열을 동반한다.

경련, 의식 장애를 일으켜 죽음에 이르기도 한다.

원인이 되는 식품에는 달걀(가공식품 포함), 식육 제품, 유제품 등이 있고 일본에서 식중독 사건을 많이 일으킨 식품은 양과자(케이크, 비스킷류), 오믈렛, 수제 마요네즈, 달걀 낫토, 달걀말이, 달걀이 든 덮밥, 참마, 달걀프라이 등이다. 달걀과 살모넬라가 얼마나 밀접한 관계인지가 드러난다.

서양에서는 날달걀을 살모넬라균에 오염된 위험한 식품으로 간주하므로, 날달걀을 먹는 식습관을 이상하게 여긴다.

반면 일본에서는 날달걀을 먹는 습관이 있다. 따라서 팩에 담기 전, 센터에서 상하거나 피가 보이는 달걀을 제외한 후에 차아염소산나트륨수용액으로 소독하고 씻는다.[1] 또 날달걀을 먹어도 문제가 발생하지 않도록 냉장 보관 시의 유통기한을 표기한다.

구매한 달걀은 바로 냉장 보관한다. 이때 껍질에 뚫린 수많은 구멍

----

[1] 양계장에서 생산되는 방목란, 자연란이 이 공정을 거쳤는지는 생산자를 신뢰할 수밖에 없다.

을 통해 잡균 등이 들어가므로 달걀을 절대로 씻어서는 안 된다. 날 달걀은 유통기한 안에 깨서 바로 먹어야 한다.[2] 유통기한이 지난 달걀은 충분히 가열하여(75℃ 이상에서 1분 이상 또는 65℃에서 5분 이상) 조리하면 문제없다.

---

2 다만, 면역력이 약한 만 2세 이하의 영유아, 고령자, 임신부는 날음식을 피하는 것이 좋다.

26

황색포도상구균 식중독

일본에서 황색포도상구균이 일으키는 식중독은 식사류(주먹밥, 유부초밥 등), 도시락류와 샌드위치류에서도 나타난다. 모두 맨손으로 조리하고 가공하는 식품이다.

독소에 의해 일어나는 식중독

황색포도상구균은 피부 상재균이나, 반드시 피부에만 사는 것은 아니다. 건강한 사람의 30~40%는 콧속에 산다. 그러므로 황색포도상구균을 보균한 사람이 코를 손가락으로 후비면, 균이 손에 묻는다.

황색포도상구균이 식품 속에서 한데 모여 증식하면, 열에 강해서 가열해도 파괴되지 않는 독소(엔테로톡신)가 생긴다.[1]

독소가 생겨도 냄새가 전혀 없고 색조차 변하지 않는다. 조리가 끝난 오염된 식품을 다시 가열해도 독소는 사라지지 않는다. 식중독은 이 독소 때문에 발생한다.

주먹밥은 맨손으로 만드는 발효 식품?

예전에 '손으로 만드는 주먹밥은 맛있는 발효 식품?'이라는 제목의

---

1 다만, 모든 황색포도상구균이 식중독과 같은 병을 일으키지는 않는다. 독소 엔테로톡신을 만드는 균주만 식중독의 원인이다.

병원체	황색포도상구균
감염 경로	피부 등에 상재하는 세균이 증식한 식품이나 물을 섭취함으로써 발병
잠복 기간	1~5시간
주요 서식지	콧속, 피부 등 우리 주변에 존재
증상	메스꺼움, 구토, 복통, 설사, 혈변 등

기사[2]를 읽었다. 기생충 연구로 잘 알려진 회충 박사 후지타 고이치로 씨가 등장하는 기사였다. 후지타 씨는 이 기사에서 "주먹밥은 발효 식품이나 마찬가지"이므로 "위생을 고려해 비닐장갑이나 랩을 사용해 만든 주먹밥에는 발효 식품이 갖는 가치가 없다. 주먹밥을 맨손으로 만들면 몸속에 유산균 같은 상재균이 들어가는 장점이 있다"라고 이야기했다.

하지만 이 이야기는 매우 위험한 행동을 장려하는 발언이다.

손은 온갖 물건을 만진다. 대부분의 식중독이 손을 통해 감염되는 이유는 여기에 있다. 조리 전 손 씻기는 모든 식중독 예방의 기본이다. 특히 손가락에 상처가 있으면, 손이 화농의 원인균인 황색포도상구균으로 오염되었을 가능성이 크다. 그러므로 손가락에 상처가 있는 사람에게는 조리를 맡기지 않는 것이 식중독 예방의 철칙이다.

밥은 수분이 많고 따끈따끈해서 황색포도상구균이 자라기에 매우 적합한 환경이므로, 예전에는 주먹밥을 먹고 식중독에 걸리는 사람

---

2 『크루아상』(2018년 5월 25일호).

이 많았다. 하지만 주먹밥을 편의점에서 언제든지 살 수 있게 되면서 주먹밥을 먹고 식중독에 걸리는 사람이 줄었다. 이는 주먹밥을 일회용 장갑을 끼고 만들거나 기계를 이용해 만들게 되면서, 맨손으로 직접 밥을 만지지 않게 된 덕분이다.

후지타 씨의 말을 진심으로 받아들이면 가족을 위험한 상황에 빠뜨리게 될지도 모른다.

27

병원성대장균이 일으키는 식중독

충분히 익히지 않은 고기를 먹었을 때 발병하며, 사망자가 나올 만큼 심각한 설사를 일으키는 감염병이다. 원인균인 병원성대장균 중에서도 O157 균이 가장 무섭다.

병원성대장균

대장균은 이름 그대로 대부분 장관 속에 자리 잡고 산다. 병을 일으키지는 않지만, 일부 대장균은 설사나 장염을 일으킨다. 이 균을 병원성대장균이라고 한다. 무수히 많은 대장균 중에서[1] 대장균 O157은 집단 식중독 사고가 발생했을 때 그 원인균으로 자주 지목되며, 이질균의 시가 독소와 비슷한 베로 독소를 만드는 점이 특징이다. O157은 전염력이 강하므로 전 세계에서 집단 식중독 사고가 많이 보고되었다.

그까짓 설사라며 대수롭지 않게 여기기 쉽지만, 휴지에 피가 묻어난다면 주의해야 한다. 식중독균도 각양각색이나 감염되었을 때 **혈변을 유발하는 균은 매우 적다.** 수일 이내에 덜 익힌 고기 또는 생고기가 들어간 음식을 먹었다면, 되도록 빨리 병원에 가 진찰받도록 하자.

병원성대장균은 감염 경로나 설사 증상에 따라 다섯 종류로 나뉜

---

1 장관출혈성대장균으로는 O26, O111, O157이 잘 알려져 있다.

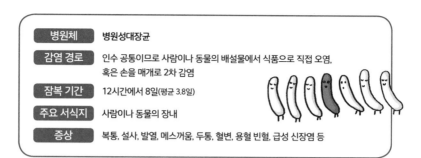

병원체	병원성대장균
감염 경로	인수 공통이므로 사람이나 동물의 배설물에서 식품으로 직접 오염, 혹은 손을 매개로 2차 감염
잠복 기간	12시간에서 8일(평균 3.8일)
주요 서식지	사람이나 동물의 장내
증상	복통, 설사, 발열, 메스꺼움, 두통, 혈변, 용혈 빈혈, 급성 신장염 등

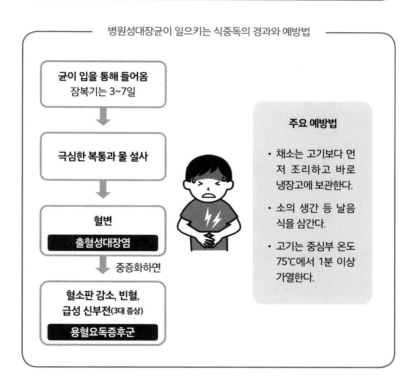

병원성대장균이 일으키는 식중독의 경과와 예방법

균이 입을 통해 들어옴
잠복기는 3~7일

극심한 복통과 물 설사

혈변
출혈성대장염

중증화하면

혈소판 감소, 빈혈, 급성 신부전(3대 증상)
용혈요독증후군

주요 예방법

· 채소는 고기보다 먼저 조리하고 바로 냉장고에 보관한다.

· 소의 생간 등 날음식을 삼간다.

· 고기는 중심부 온도 75℃에서 1분 이상 가열한다.

다.[2] 이 중 장관출혈성대장균의 하나가 O157로, O157의 독소는 베로

------

2   장관병원성대장균(EPEC), 장관침입성대장균(EIEC), 장관독소원성대장균(ETEC), 장관출혈성대장균(EHEC), 장관흡착성대장균(EAggEC).

독소라고 한다. 베로 독소란 좀처럼 죽지 않는 베로 세포[3]마저 죽일
만큼 매우 강력한 독소 단백질이다.

이질균이 보유한 독소 유전자를 대장균이 우연히 물려받았다고
추정된다. 베로 독소는 세포를 스스로 죽게 하는데, 특히 신장에 작
용하면 용혈요독증후군(HUS)을 일으키고 뇌세포에 작용하면 급성
뇌염을 일으키므로 치사율이 높아진다. 면역력이 약한 영유아나 고
령자가 감염되면 혈변, 용혈요독증후군을 일으켜 최악의 경우 의
식 불명에 빠지고 사망에 이른다. 만 10세 미만에서는 이 위험성이
7.2%로 상당히 높으며, 일본에서는 매년 사망자가 나온다.

감염 대책

병원성대장균만을 예방하는 방법은 없다. 일반 식중독 예방법을 지
키면 감염과 중독을 막을 수 있다.

1. 조리하기 전에 손을 깨끗이 씻는다.
2. 씻을 수 있는 식재료는 씻는다.
3. 식재료는 먹기 직전까지 냉장고에 보관한다.
4. 열에 약하므로 햄버그스테이크 등을 조리할 때는 식품의 중심 온도를
   75℃ 이상에서 1분 이상 가열한다.
5. 조리 후에는 되도록 빨리 먹는다.

----

3 아프리카 녹색 원숭이의 신장 세포에서 얻은 배양 세포를 말한다. 다양한 바이러스에 쉽게 감
염되므로, 백신을 만드는 데 유용하다.

치료법

설사 증상은 보통 약국에서 파는 지사제를 먹으면 바로 멎는다. 그러나 만일 여태껏 경험한 적 없는 설사 같다면 즉시 병원에 가서 진찰받도록 하자.

치료에는 병원균을 죽이기 위해서 항균제(항생제)를 먼저 처방하지만, 병원균이 이동하여 끈질기게 몸속에 남아 있을 때도 있다. 더욱이 항균제로는 이미 병원균이 뿜어낸 독소를 없앨 수가 없으므로 흡착제를 사용하여 독소를 제거하기도 한다. 더욱 악화하면 신장이 망가지므로 인공 투석을 할 수도 있다.

제 **4** 장

어린아이가 잘 걸리는
감염병

28

수두

수두는 수두대상포진바이러스가 일으키는 감염병으로 전염력이 매우 강하다. 가렵고 작은 점 크기의 발진이 일어난다. 발진은 이후 물집이 되었다가 딱지로 변한다.

거의 모든 아이가 걸리지만 백신으로 감소

작은마마라고도 부르지만 정식 명칭은 **수두**다. 병원체는 헤르페스바이러스의 사촌인 수두대상포진바이러스로, 전염력이 상당히 강하다.

어린아이가 잘 걸리고 전염력이 강하므로, 어린이집·유치원이나 학교, 병원 등 같은 공간 안에 있기만 해도 쉽게 감염된다.

백신 접종이 시작되기 전, 일본에서는 만 9세 이하 어린이의 약 90% 정도가 수두에 걸렸다. 감염된 지 2주 정도는 아무런 증상이 없다가 갑자기 작은 붉은색 발진이 나타나고 이후 온몸에 퍼진다. 이후 발진은 물집, 고름이 가득 찬 물집이 되었다가 딱지로 변한다. 수두가 다 나을 때까지는 학교에 가지 못한다.[1] 그러나 드물게 백신을 접종받았는데도 수두에 걸리기도 한다. 이 경우에는 대개 가벼운 발진에 그치고 열도 그다지 나지 않으며 빨리 회복된다.

---

1 일본의 학교보건안전법과 한국의 학교보건법.

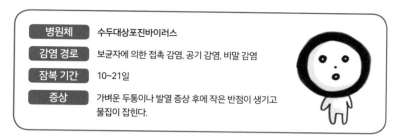

병원체	수두대상포진바이러스
감염 경로	보균자에 의한 접촉 감염, 공기 감염, 비말 감염
잠복 기간	10~21일
증상	가벼운 두통이나 발열 증상 후에 작은 반점이 생기고 물집이 잡힌다.

예방

일본에서는 2014년 10월부터 수두 백신이 정기 접종[2] 대상에 포함되면서 수두에 걸리는 사람이 급격히 줄었다. 그러나 물집이 생긴 부위에는 무수히 많은 바이러스가 숨어 있으므로, 물집을 손톱으로 뜯어내서는 안 되며, 수

주요 증상

발진·발열
물집
딱지

건 등도 따로 사용해야 한다. 샤워를 해서 몸을 씻어내는 것이 좋다. 또 비말 감염을 막는 데는 마스크가 효과적이다.

신체의 면역 기능이 떨어지면 대상포진으로

면역력이 정상인 아이는 심각한 수두에 걸릴 확률이 거의 없으며 대개 발진이 생기고 입안이 짓무르는 정도에 그친다. 폐, 심장 등이 바

---

2 수두 백신 접종 1회차는 만 1세~15개월 미만에 이뤄지며, 2회차는 1회 접종 후 6~12개월 후에 접종한다.

이러스에 감염되는 일은 드물게 일어난다. 수두는 한번 걸리면 이후에는 걸리지 않는다고 하지만 감염되어도 발병하지 않을 뿐, 신체 바이러스 항체가 약해지면 또다시 발병한다.

바이러스는 완치된 후에도 신경절에 잠복해 있다가 면역력이 떨어졌을 때 대상포진을 일으키기도 한다. 대상포진은 50~70대에서 많이 발병한다.[3]

---

3 성인이 되어서 처음으로 수두에 걸리면 중증화 확률이 높아진다.

29

백일해

백신 접종률에 따라 감염자 수의 변화가 뚜렷하게 나타나는 골치 아픈 감염병이다. 최근에도 이 변화가 뚜렷하다.

격렬한 기침이 장기간 계속된다

백일해의 특징은 격렬한 기침이 장기간 계속된다는 점이다. 첫 2주 정도는 보통의 감기 증상이지만, 좋아지지 않고 점차 기침이 심해진다. 사실 이런 증상은 1주일~10일 정도의 잠복기 이후에 나타난다.

다음 2주일 정도는 콜록콜록 짧은 기침이 연속해서 나온다. 짧은 기침이 계속된 후에 '휴' 하고 숨을 들이마시는 듯한 소리가 나기도 한다. 체력이 없는 영유아는 호흡조차 불가능한 상황에 빠질 수도 있으니 주의해야 한다.

이후에는 격렬한

백일해의 특징적인 기침

- 숨쉬기가 힘들어 보인다
- 색색거리는 소리가 난다
- 강아지가 짖을 때처럼 '컹컹' 소리가 난다

기침이 발작처럼 나오기도 하지만, 2~3개월쯤부터 점차 회복된다.[1]

---

1   이처럼 기침이 약 100일간 계속되므로 '백일해'라고 한다.

병원체	백일해균
감염 경로	코, 목, 기관을 통한 비말 감염, 접촉 감염
잠복 기간	7~10일 정도
증상	장기간 이어지는 심한 경련성 기침

증상의 차이가 균을 퍼뜨린다

체력이 있는 성인은 장기간 기침하기는 해도 특징적인 기침을 하지 않는 사람도 많아서, 백일해균을 퍼뜨리는 원흉이 될지도 모른다.

백신 접종을 마쳤거나 균량이 적은 성인 환자는 채취한 균을 배양하기가 매우 어려우므로, 병리 검사로 백일해를 밝혀내기란 쉬운 일이 아니다.

백신 접종으로 백일해를 예방하려는 노력

백일해는 전 세계에서 감염되므로 세계 각국이 예방접종 확대 계획의 하나로 백신 보급을 강력히 추진하고 있다. 한국에서는 백일해 백신이 DTaP 백신[2]에 포함되어 있으며, 여러 번 맞아야 한다.

면역 효과는 4~12년이라고 하지만, 접종했는데도 시간이 지나 감염되는 사람이 있다. 감염된 경우, 기침이 나오기 시작한 후로 약 4주 정도 균이 끊임없이 배출되지만, 최근에는 적절하게 투약 치료를 받으면 복용한 지 약 5일 만에 균의 배출을 막을 수도 있다.

2　디프테리아, 백일해, 파상풍을 예방하는 백신. 만 6세 미만에게 접종하며, 만 11세 이상에게는 Tdap를 접종한다. DTaP와 Tdap는 백신 항원의 종류는 동일하나 용량에 차이가 있다.

30

유행성이하선염

흔히 '볼거리'라고 하며 이하선이 팽창되는 점이 특징이다. 다른 선진국에서는 뚜렷하게 줄고 있지만, 일본에서는 백신을 맞지 않는 사람이 많아서 감염자 수가 좀처럼 줄지 않고 있다.

기원전부터 알려진 감염병

의학의 아버지라 불리는 고대 그리스의 히포크라테스가 기원전 5세기에 이미 유행성이하선염과 고환염을 기술한 데서 알 수 있듯이, 유행성이하선염은 예부터 인류를 괴롭혀온 감염병이다. 19세기가 되어서야 겨우 이 감염병이 전 세계에서 발병한다는 사실이 알려졌고, 20세기에 들어서 그 원인이 **멈프스바이러스**라는 사실이 밝혀졌다.

바이러스에 감염되어 2~3주간의 잠복기가 지나면 입안에 있는 타액샘 중 한쪽 **이하선(귀밑샘)**이 부어오른다. 이후 70~80%의 확률로 반대쪽 이하선도 부어오른다. 또 다른 타액샘인 **악하선(턱밑샘)**과 **설하선(혀밑샘)**이 부어오르기도 한다. 대부분 48시간쯤 지난 후에 점차 회복된다.

어른이 감염되면 대체로 고열이 나고 부기와 통증도 강하게 나타나므로, 음식물을 삼키기가 어려워진다. 더욱이 각종 합병증이 생기기도 쉽다. 대표적 합병증은 수막염, 고환염, 난소염 등이다. 드물지만 난청을 유발하기도 한다.

병원체	멈프스바이러스
감염 경로	감염자의 입, 코, 목에서 나오는 침이나 점액을 통해서 퍼진다. 비말 또는 감염자가 손을 댄 물건을 다른 사람이 만져서 퍼지기도 한다.
잠복 기간	2~3주, 이하선이 부어오르기 약 7일 전부터 부어오른 후 약 9일까지
증상	이하선이 팽창되는 점이 특징이다. 한쪽 또는 양쪽 이하선 팽창, 압통, 연하통, 발열이 나타난다. 수막염, 고환염, 난소염, 난청 등의 합병증이 발병하기도 한다.

특효약이 없으므로 저절로 낫기를 기다린다

유행성이하선염은 특효약이 없어 저절로 낫기를 기다려야 한다. 참고로 한번 앓으면 면역을 획득하여 두 번 다시 감염되지 않는다.

일본에서는 예전에 MMR 3종 혼합 백신[1]에 포함되었다가, 부작용 문제로 백신 접종이 중단되었다. 일본의 발병률이 발전도상국과 비슷한 이유는 여기에 있다.

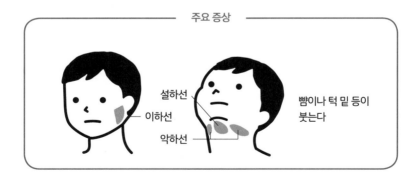

주요 증상

설하선
이하선
악하선

뺨이나 턱 밑 등이 붓는다

---

1   홍역, 유행성이하선염, 풍진 백신.

31

A군 용혈성연쇄상구균 인두염

원인은 용혈성연쇄상구균(특히 이 중에서 A군 베타 용혈성연쇄상구균)이라는 세균이다. 인두염이나 편도염, 작은 발진을 동반하는 성홍열을 일으킨다.

성홍열을 일으키는 용연균

A군 용혈성연쇄상구균 인두염(용연균 감염증)은 주로 만 4세 이상 아이가 걸리는 감염병이다. 대부분 인두염이나 편도염으로 목구멍이 새빨갛게 부어오르고, 편도샘에 하얀 고름이 낀다. 또 혀 표면이 딸기처럼 오돌토돌하고 빨갛게 변하는, 일명 딸기 혀가 되기도 한다.

복통·메스꺼움·두통 같은 감기 비슷한 증상으로 병원에 갔다가 이 감염병으로 진단받기도 한다. 만 3세 이하의 어린아이에게는 위의 특징적인 증상이 뚜렷하게 나타나지 않으므로, 일반 감기와 구별하기 어렵다. 게다가 용연균은 성홍열을 일으키기도 한다.[1]

급성 인두염 후, 온몸에 심한 가려움증을 동반하는 선홍색의 작은 점 같은 발진이 생긴다. 1주일쯤 지나면 얼굴부터 껍질이 벗겨지기 시작하며, 약 3주 후에 온몸의 껍질이 벗겨져 원래 모습으로 돌아간다. 일부 전염성 농가진의 원인균 또한 용연균이다.

------

1 A군 베타 용혈성연쇄상구균에 감염되어 발병한다. 점처럼 보이거나 햇볕에 탄 듯한 발진이 나타나며, 발진은 얼굴보다 사타구니, 겨드랑이 등 주로 마찰이 많은 곳에 생긴다.

병원체	용혈성연쇄상구균
감염 경로	코·목·기관을 통한 비말 감염, 접촉 감염
잠복 기간	약 2~5일
발생 시기	절정기는 봄부터 초여름, 겨울철의 2번
증상	주로 호흡기와 피부에 증상이 나타나고 고열이나 재채기 증상이 없는데도 목이 아프다. 손발에 조그만 선홍색 발진이 나타나기도 한다.

예방의 기본은 밀접 접촉 피하기

예방 백신이 아직 실용화되지 않았으므로, 예방 대책으로는 환자와 밀접 접촉하지 않고, 손 씻기, 양치질 잘하기 등이 있다. 마스크도 효과적이다.

항생제로 치료하면 열이 1~2일 만에 떨어지고 인후통도 1주 정도 지나면 완화된다. 사구체신염이나 류머티즘열 같은 합병증은 발병 약 2주 후에 나타난다는 사실이 밝혀졌으므로, 처방받은 항생제는 도중에 중단하지 말고 끝까지 복용해야 한다.

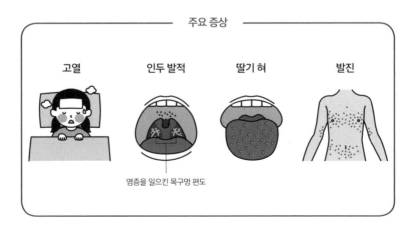

주요 증상

고열 　　　 인두 발적 　　　 딸기 혀 　　　 발진

염증을 일으킨 목구멍 편도

32

인두결막열

아데노바이러스가 유발하는 질환으로 정식 명칭은 인두결막열이다. 바이러스 자체가 고온다습한 환경을 좋아하여 대개 수영장 물을 통해 전염되므로 '풀열(pool열)'이라는 별명이 붙었다.

감염되어도 대부분 발병하지 않는다

고온다습하고 수영 강습이 시작되는 시기에 유행하므로 **풀열**이라고도 한다. 환자의 60%가 만 5세 미만 어린아이이며, 증상이 나타나지 않는 사람도 많다. 무증상자라도 기침이나 재채기를 할 때 나오는 비말에는 당연히 바이러스가 들어 있으므로, 이 비말을 통해서 다른 사람에게 전염된다.

전염되는 장소는 수영장뿐만이 아니다. 학교 수영장은 수질을 철저하게 관리하기 때문에, 가정용 물놀이장, 수건의 공동 사용 또한 바

병원체	아데노바이러스
감염 경로	비말 감염 · 접촉 감염으로 바이러스가 퍼지지만, 감염자는 대부분 어린아이
잠복 기간	5~7일
발생 시기	고온다습한 환경을 좋아하므로 6월경부터 활발해지고 7~8월에 절정을 이룬다.
증상	고열, 편도샘의 부종 및 통증, 두통, 식욕 부진, 눈 충혈, 권태감

이러스가 퍼지는 요인이다. 그러므로 풀열이라는 병명만 듣고 방심하는 것은 위험하다.[1]

예방은 어떻게 하나?

현재 이 감염병에는 치료법이나 약이 없으므로 예방에 힘쓰는 수밖에 없다. 규모가 큰 수영장은 이미 소독이 되어 있기 때문에 가정용 물놀이장을 이용할 때는 감염되지 않게 조심하고, 수건 등을 함께 사용하지 말아야 한다. 또 감염자와 접촉하지 않으면 좋겠지만, 무증상자가 많아서 대책을 세우기가 어렵다.

감염 경로를 고려했을 때 우리가 할 수 있는 일은 유행 시기에 손 씻기와 양치질을 자주 하고, 수건 등을 함께 사용하지 않는 정도다. 또 이미 소독된 수영장이라도 수영장을 사용한 후에는 샤워를 비롯해 기본 위생을 철저히 해야 한다.

실제로 일본 국립감염병연구소의 자료를 보면 2020년에는 신종

주요 증상

- 눈 충혈
- 눈곱

38~40℃ 정도의 열
(4~5일 계속된다)

- 목구멍이 부음
- 인후통

---

1   최근에는 절정기가 연 2회로 변화하여, 학교에서 수영장을 사용하지 않는 겨울철에도 감염자가 나온다.

코로나바이러스 감염증의 영향으로 풀열이 그다지 유행하지 않았다. 그 이유로는 학교에서 수영장 사용을 거의 하지 않은 점, 많은 사람이 예전보다 손 씻기와 양치질을 철저히 한 점이 꼽힌다.

33

수족구병

이름 그대로 손과 발, 입 점막에 물집 형태의 발진이 나타나는 바이러스성 감염병이다. 어린아이를 중심으로 여름철에 자주 발생한다.

특징

1950년대 후반에 발견된 바이러스성 발진이다. 주로 만 4세 이하의 어린아이가 걸리며, 여름철에 유행한다. 바이러스에 감염되어도 무증상인 사람도 있어서 초등학교에 입학할 때쯤 되면 발병률이 크게 줄고 성인에게는 매우 드물게 나타난다.

수족구병을 일으키는 바이러스는 대개 **장내바이러스**와 **콕사키바이러스**지만 기타 몇 가지 다른 바이러스로 인해서도 발병하므로 몇 년을 주기로 크게 유행한다. 특정 바이러스가 원인이 되어 수족구병에 걸렸다면 그 바이러스에 대한 면역밖에 획득하지 못한다. 따라서 다른 바이러스에 감염되면 또다시 수족구병에 걸린다.

입안에 생기는 물집은 헤르판지나, 헤르페스바이러스가 유발하는 치은구내염과 비슷해 보인다. 또 손발 발진은 초기의 수두 전염성 연속종(물사마귀)과 비슷하므로, 수족구병이라고 진단을 내리려면 바이러스 분리가 핵심이다.

병원체	장내바이러스 등
감염 경로	인두부에서 배출되는 비말을 통해 감염. 물집의 진물로 감염되기도 한다.
잠복 기간	보통 약 3~5일
발생 시기	온대 지방에서는 여름철에 발생한다.
증상	손, 발, 입에 2~3mm 정도의 물집성 발진이 나타나고 수일에서 1주일쯤 후에 사라진다. 열은 대부분 38℃ 이하로 그리 높지 않다. 복통이나 설사 등 감기 비슷한 증상이 함께 나타나기도 한다.

예방과 치료

오늘날에도 아직 백신이 실용화되지 않았다.

따라서 증상이 나타난 사람과 가까이하지 않고 손을 깨끗이 씻어서 병을 예방하는 수밖에 없다. 감염자가 만진 문손잡이나 장난감 등을 만지면 바이러스에 감염되므로, 화장실에 다녀온 후에는 반드시 손을 씻자.

발진 자체는 대부분 가렵지 않으므로 가려움증을 완화해주는 스테로이드제 등도 처방하지 않는다.

입속에 발진이 생겼을 때는 입이 불편해 수분과 영양분을 섭취하기가 어렵다.

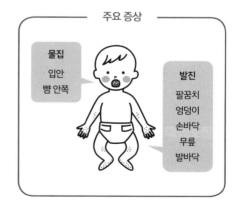

주요 증상

물집
입안
뺨 안쪽

발진
팔꿈치
엉덩이
손바닥
무릎
발바닥

수분과 영양분 확보가 무엇보다 중요하므로, 적게 여러 번 섭취하는 편이 좋다.

34

감염홍반

뺨에 붉은색의 커다란 홍반이 나타나며, 어린아이에게 자주 발병한다. 비교적 증상이 가벼워서 그다지 무서운 질환은 아니지만, 혈액병 환자나 임신부는 감염되면 위험하다.

어린아이에게 많이 발병

감염홍반은 **사람 파보바이러스 B19**라는 바이러스에 감염되어 발병한다. 파보바이러스는 개·고양이·여우와 같은 특정 동물에 감염한다. 대부분 사람이 아닌 동물에게 감염하는 바이러스이나, B19만 사람에게 감염한다. 만 5~9세(유치원 졸업반부터 초등학교 4학년)에서 감염률이 가장 높고 다음으로는 만 0~4세에서 감염률이 높다.

감염되면 뺨에 경계가 명확한 붉은색 나비 모양의 반점이 선명하게 나타나고 이후 손발에도 그물 모양의 발진이 퍼진다.

뺨의 붉은색 반점이 마치 사과처럼 보이므로 일명 '사과병'이라고도 부른다.[1]

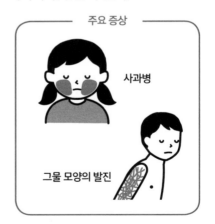

주요 증상

사과병

그물 모양의 발진

---

1 일본에서는 감염홍반 감염자 수를 파악하고 있는데, 이에 따르면 감염홍반은 약 5년 주기로 유행하며 최근에는 2011년, 2015년, 2019년에 감염자 수가 증가했다.

병원체	사람 파보바이러스 B19
감염 경로	비말 감염, 접촉 감염
잠복 기간	약 10~20일
주요 발병 장소	감염된 사람의 적혈모세포 전구세포
증상	처음에는 뺨에 나비의 날개처럼 생긴 선명한 붉은색 반점이 나타나고, 다음으로 손과 발에 그물형, 원형의 발진이 나타난다.

혈액 관련 질환을 앓는 사람이나 임신부는 주의하자

감염홍반은 감염된 사람이 기침이나 재채기를 했을 때 나오는 비말로 바이러스가 퍼진다. 감염되어도 뺨에 붉은색 반점 같은 전형적인 증상이 나타나지 않는 사람도 많으므로, 환자가 발생한 집단에서는 손 씻기를 철저히 하고 개인 간 접촉을 제한해야 한다.

이 바이러스는 성장하여 적혈구가 되는 세포를 공격하므로, 감염 후 드물지만 심각한 빈혈증을 일으키기도 한다. 혈액병을 앓고 있는 사람이 감염되면 중증으로 발전할 수 있으므로, 만약 주변에 1개월 이내에 감염된 사람이 있으면 헌혈을 할 수 없다. 또 임신부가 감염되면 조산할 위험이 있으므로 주의해야 한다.[2]

----

2 만일 감염될 가능성이 있다면 태아 상태를 주의 깊게 관찰해야 한다.

35

헤르판지나

헤르판지나는 인두결막열(풀열), 수족구병과 함께 아이들의 '3대 여름 감기'로 불린다. 만 5세 이하의 어린아이가 쉽게 걸리므로 해마다 어린이집과 유치원에서 유행한다.

기묘한 이름은 증상에서 유래

헤르판지나는 물집을 의미하는 '헤르페스'와 통증을 의미하는 '안지나(angina)'가 합쳐진 말이다. 감염되면 갑자기 38~40℃의 고열이 나고, 목에 물집이 생긴다. 그리고 머지않아 물집이 터져 궤양으로 변하고 통증이 발생한다.

헤르판지나의 원인이 되는 바이러스는 콕사키바이러스의 사촌으로, 주요 병원체는 **콕사키바이러스 A이다.**[1] 이 바이러스들은 사람의 몸속에서만 살 수 있다.

바이러스가 섞인 환자의 침이나 콧물, 대변 등과 접촉하면, 바이러스가 몸속에 들어와 발병한다. 콕사키바이러스 A는 전염력이

주요 증상

탈수 증상

발열

목구멍에 물집 · 궤양

1　그 밖에 콕사키 B, 장내바이러스 71 등이 알려져 있다.

병원체	콕사키바이러스 A 등
감염 경로	비말 감염, 접촉 감염, 분구 감염[2]
잠복 기간	약 2~4일
주요 발병 장소	감염된 사람의 몸속, 침, 콧물
증상	발열 후 목이 아프고 목구멍에 물집이 생긴다. 머지않아 물집이 터져서 궤양으로 변하며 통증을 동반한다.

강할 뿐 아니라 환자에게 증상이 사라진 후에도 수 주간 계속 바이러스가 나오므로 주의해야 한다.

만 5세 이하의 어린아이가 걸리고 여름철에 유행

헤르판지나는 만 5세 이하의 어린아이가 감염자의 90%를 차지한다. 일본에서 여름철에 유행하며, 일본 서부에서 동부로 퍼진다.[3]

참고로 신종 코로나바이러스 감염증이 유행한 2020년에는 헤르판지나가 거의 유행하지 않았다. 이는 손 씻기와 마스크 착용을 철저히 한 결과로 보인다.

콕사키 심근염에 주의

콕사키바이러스는 드물지만 심근에 감염되어 심각한 심근염을 일으키기도 한다. 콕사키 심근염이라 불리며 신생아 돌연사의 한 원인으

---

2 배설물을 경유하는 감염.

3 일본 전국에 3,000군데 있는 소아 전염병 정점 관측에 따르면, 매년 약 5월경에 시작되어 7월 하순부터 8월 상순에 절정을 이루고, 8월 하순에는 진정되는 양상으로 유행이 반복된다. 열대 지방에서는 1년 내내 발생한다.

로 지목되는 질환이다.

성인 중에도 감염되어 중증으로 발전한 사례가 있으므로, 헤르판지나를 절대 가볍게 여겨서는 안 된다.

36

유행성각결막염

전염력이 매우 높은 질환으로, 눈의 흰자가 갑자기 새빨갛게 변한다. 환자가 쓴 수건이나 손수건을 사용하면 전염된다.

바이러스성 각결막염

유행성각결막염은 일명 **아폴로눈병**의 정식 명칭[1]으로, **아데노바이러스**가 눈에 감염되어 걸린다. 눈의 결막(흰자 표면과 눈꺼풀 뒷면)이 새빨갛게 변하고 눈곱이 많이 끼기 때문에 아침에 일어났을 때 눈을 뜨기가 어렵다. 염증이 진행되면 각막(눈동자 표면)에까지 퍼져서 각막이 뿌옇게 변하고 심하면 각막에 구멍이 생기기도 한다. 결막과 각막 모두에 염증을 일으키므로 각결막염이라고 불린다.

아데노바이러스는 크게 A~G의 7종류로 나뉘는데, 유행성각결막염을 일으키는 주요 병원체는 D종의 5가지 유형과 B종의 4가지 유형, E종의 1가지 유형이다.

풀열과 다른 점

아데노바이러스의 특수한 유형이 유발하는 질환에 인두결막열(풀열)

---

1 명칭이 기므로 의료 관계자는 영어 이름인 Epidemic Kerato Conjunctivitis의 앞 글자를 따 'EKC'라고도 부른다.

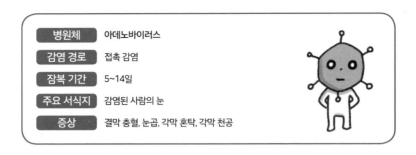

병원체	아데노바이러스
감염 경로	접촉 감염
잠복 기간	5~14일
주요 서식지	감염된 사람의 눈
증상	결막 충혈, 눈곱, 각막 혼탁, 각막 천공

이 있다. 인두결막열은 훨씬 감기에 가까운 증상인 발열, 인후통, 기침, 콧물과 결막염이 함께 나타난다.[2]

감염 예방

유행성각결막염은 접촉으로만 감염되며 비말이나 공기(비말핵)로는 감염되지 않는다. 하지만 유행성각결막염의 원인인 아데노바이러스는 전염력이 매우 높아서 환자가 사용한 수건이나 휴지, 환자의 손이 닿은 문손잡이, 전등 스위치 등을 만지기만 해도 쉽게 감염된다. 따라서 학교처럼 집단으로 생활하는 장소에서는 바이러스가 퍼져 유행할 가능성이 크다.

주요 증상

눈곱
눈물
결막 부종
눈 충혈

1년 내내 모든 나이에 상관없이 감염되므로, 감염을 예방하려면 평소에 손을 깨끗이 씻는 습관을 들이는 것이 중요하다.

---

2 「32. 인두결막열」 참조.

37

미코플라스마 폐렴

미코플라스마 폐렴은 미코플라스마라는 작은 세균이 일으키는 감염병이다. 일반 폐렴은 대개 고령자에게 발병하지만, 미코플라스마 폐렴은 아이와 젊은 층에서 많이 발병한다.

바이러스와 성질이 비슷한 세균

미코플라스마 감염의 원인 미생물인 미코플라스마균은 그 크기가 1~1.5㎛로 상당히 작으며, 세균인데도 세포벽이 없다. 스스로 증식하는 가장 작은 미생물로 세균에 속하지만, 세포벽이 없으므로 바이러스와 성질이 비슷하다.

증상

감기와 마찬가지로 기침할 때 나오는 비말을 들이마시거나 비말에 접촉함으로써 감염된다. 미코플라스마가 몸속에 들어오면 잠복기 후에 콜록콜록 마른기침이 나온다. 발열, 나른함, 두통과 같은 증상이 나타나지만 감기와 증상이 비슷해서 지나칠 위험이 있다. 발열 등의 증상은 대부분 며칠 만에 사라지나 기침만 계속되는 점이 특징이다.

　기침이 약 3~4주로 오래가는 편이지만, 대부분 폐렴으로 발전하지

병원체	미코플라스마
감염 경로	비말 감염(주로 기침), 밀접 접촉
잠복 기간	2~3주
증상	발열, 나른함, 두통, 오랜 기간 지속되는 기침

않고 완치된다.[1] 미코플라스마 폐렴은 다른 폐렴과 다르게 젊은 층과 건강한 사람이 많이 걸리는 점 또한 특징이다.[2] 세균성 폐렴 환자는 대부분 고령자이나 미코플라스마 폐렴 환자는 대부분 소아기 아동 이다. 소아기에는 세균성 폐렴보다 미코플라스마 폐렴에 더 많이 걸 린다.

일반적인 감염 대책을

안타깝게도 미코플라스마 감염을 예방해주는 백신은 없다. 또 잠복 기가 긴 탓에 증상이 나타나기 전 자신도 모르게 바이러스를 퍼뜨릴 가능성이 있다.

또 한 번 감염되어 면역이 생겨도 그 면역이 유지되기 어려워서 반 복 감염된다. 사람 대 사람으로 기침이나 침 등을 통해서 감염되지 만, 전염력은 그다지 강하지 않다. 밀접 접촉할 기회가 많은 모자간 등, 가정 내 감염이 많다.[3] 따라서 미코플라스마로부터 몸을 지키려

---

1 폐렴으로 발전할 확률은 몇 %로, 전체 폐렴 중 십몇 %를 차지한다.
2 다만, 성인이나 고령자가 감염되면 중증화하기 쉽다. 호흡 곤란으로 장기 입원하거나 어쩔 수 없이 인공호흡기를 착용하기도 한다.
3 학교나 회사 등에서 유행할 일은 별로 없다.

면 마스크 착용과 손 씻기, 양치질 등 일반 감염 예방 수칙을 지키는 것이 중요하다.

1년 내내 감염될 수 있으나 겨울철에 조금 증가한다.

38

로타바이러스 감염증

로타바이러스는 위장염을 일으키는 바이러스로, 만 2세 이하의 아기에게 많이 감염된다. '영아 겨울철 설사병'이라고 불리기도 한다.

흰색을 띤 설사가 특징

로타바이러스 감염증은 만 5세 이하 영유아의 급성 위장염 중에서 약 40~50%를 차지한다.

감염자의 토사물, 설사 등에 포함된 바이러스 약 10~100마리가 입을 통해 몸속으로 들어감으로써 발병한다. 약 2~4일 정도 잠복기를 거친 후, 물 설사와 구토를 반복하여 탈수 증상을 일으킨다.

탈수증 예방이 중요

로타바이러스에는 효과적인 약(항바이러스제)이 없으므로 대증 요법만이 유일한 치료법이다. 심한 설사가 계속되니 경구 보충액·등으로 수분을 꼭 공급해주자.[1] 설사를 하는데 어쩐지 평소와 다르다고 느껴진다면 빨리 병원에 가서 진찰받고, 처방받은 약은 중단하지 말고 끝까지 먹는 것이 중요하다.

---

1 녹차나 따뜻한 물에 적정량의 소금을 넣어 만든 경구 보충액을 마시게 한다. 물 1L에 설탕 40g, 소금 3g 정도를 넣는다.

병원체	로타바이러스
감염 경로	토사물이나 설사를 통해 직접 감염 및 오염된 음식을 먹어서 경구 감염
잠복 기간	약 2~4일
발생 시기	겨울철에 유행
증상	발열, 구토, 설사(흰색 변)

예방

설사와 구토물은 반드시 올바른 방식으로 처리하고, 바닥도 철저히 소독해야 한다. 또 속옷이나 기저귀를 치울 때는 꼭 장갑과 마스크를 착용하고, 이후 손을 깨끗이 씻어야 한다. 소독할 때는 에탄올이 아닌 염소계 소독약(밀톤 등)이 효과적이다.

참고로 한국에서는 2023년 3월부터 로타바이러스 국가 예방접종 사업이 도입되었다. 비교적 고가였던 로타바이러스 백신 예방접종을 무료로 받을 수 있게 되면서 감염률의 감소를 기대할 수 있게 되었다.

주요 증상과 대책

- 겨울~초봄에 유행
- 심한 구토
- 쌀뜨물 같은 설사
- 발열 등
- 탈수 등 중증화하기도 한다

 예방에는 손 씻기가 효과적이다

 장난감이나 수건으로 감염되기도 한다

39

RS바이러스 감염증

RS바이러스 감염증은 호흡기 감염병으로, 비말 또는 접촉을 통해 감염된다. 만 1세 이하의 영유아는 50% 이상, 만 2세까지는 거의 100% 감염되며, 감염과 발병을 여러 번 반복한다.

전염력이 강해 영유아는 대부분 감염

두 돌이 될 때까지 거의 모든 영유아가 감염되는 호흡기 감염병이다. 감기 증상과 비슷하며 발열과 콧물이 며칠간 계속된다. 증상이 심해지면 호흡할 때 쌕쌕거리는 소리가 나며, 세기관지염이나 폐렴으로 진행되기도 한다.

아이가 아직 돌이 지나지 않았거나 기저질환을 앓고 있다면 상황이 매우 심각해질 수도 있다. 대부분 며칠 안에 회복하지만, 약 30%는 기침이 악화하여 호흡 곤란이나 무호흡 증상이 나타난다. 감염과 발병을 여러 차례 반복하나, 대개 만 3세까지 모든 아이가 항체를 얻는다.

주의해야 할 증상

폐렴이나 기관지염으로 발전하면 호흡할 때 쌕쌕 소리가 나고 호흡 횟수가 극단적으로 많아진다. 또 얼굴이나 입술 색이 나빠지기도 하는데, 이는 상당히 심각한 증상이므로 하루빨리 병원에 가서 진찰받

병원체	RS바이러스
감염 경로	비말 감염, 접촉 감염
잠복 기간	약 2~8일
발생 시기	대체로 겨울철에 유행한다.
증상	발열, 콧물, 기침, 세기관지염, 폐렴, 호흡 곤란

아야 한다.

RS바이러스에는 효과적인 항바이러스제가 없으므로, 대증 요법으로 증상을 누그러뜨린다. 면역력으로 이겨내도록 체력을 회복시키고 호흡을 편하게 해주는 약을 먹어 치료한다.

유행하는 시기가 있다

RS바이러스에 감염되는 경로는 크게 두 가지다. 감염된 사람이 기침이나 재채기를 할 때 나오는 비말을 통해 감염되기도 하고, 비말이 붙은 문손잡이 등을 만져서 바이러스가 코나 입의 점막으로 들어가 감염되기도 한다. 어린이집이나 유치원에서는 대개 장난감을 함께 사용하므로 집단 감염이 일어나기 쉬운데, 바이러스는 전염력이 상당히 강하므로 주의해야 한다. 여름철부터 초봄까지 계속 유행하지만

비말 감염

접촉 감염

주로 겨울철에 절정을 이룬다. 2021년 일본에서는 이제껏 경험한 적 없는 대유행이 발생하여 RS바이러스가 소아 의료의 큰 문제로 떠올랐다. 예방법으로는 다른 감염병과 마찬가지로 손 씻기, 양치질, 마스크 착용 등이 효과적이다.

감염병의 등교 중지 기간

한국에서는 아이들 사이에서 감염되기 쉬운 주요 감염병의 유행을 예방하고자 대응 가이드 등을 배포하고 개인위생수칙 준수를 당부하고 있다. 또한 학교보건법 제8조 및 학교보건법 시행령 제22조에 의거하여, 감염병에 걸리면 병원체의 전염력이 사라질 때까지 학교를 쉬어야 한다.

다음은 주요 소아 감염병의 등교 중지 기간을 정리한 표다.

등교 중지 기간

인플루엔자 증상이 발생한 후 감염력이 소실 (해열 후 24시간 경과)될 때까지	**결핵** 약물 치료를 시작한 후 2주까지
홍역 발진이 발생한 후 4일까지	**수두** 모든 피부병변에 가피(괴사딱지)가 형성될 때까지
유행성이하선염(볼거리) 증상이 발생한 후 5일까지	**노로바이러스** 증상이 소실된 후 48시간까지
유행성각결막염 격리 없이 개인위생수칙 준수	**수족구병** 수포 발생 후 6일간, 또는 피부병변에 가피가 형성될 때까지

※ 등교 중지 여부와 기간에 대한 자세한 사항은 의사의 소견에 따른다.

출처: 교육부, '학생 감염병 대응 가이드북'(2023년 4월)

제 5 장

성관계로 잘 걸리는
감염병

40

생식기 클라미디아 감염증

생식기 클라미디아 감염증은 성관계로 걸리는 성 매개 감염병 중에서 가장 많이 걸리는 질환이다. 병원체는 클라미디아 트라코마티스라는 세균으로, 일반적인 성관계뿐 아니라 구강·항문 성교, 소변을 통해서도 감염된다.

클라미디아는 전염률이 높은 성 매개 감염병

클라미디아는 종류가 다양하다. 그중 생식기 클라미디아 감염증은 성 매개 감염병 중에서도 가장 많이 걸리는 감염병이다.

일본에서는 성 경험이 있는 여고생의 약 13%가 무증상 생식기 클라미디아에 감염되었다는 사실이 밝혀졌다.[1] 또 임신부의 약 5%가 클라미디아에 감염되었다는 보고도 있다.

출산 시에 신생아가 수직 감염되면 신생아결막염, 인두염, 폐렴 등에 걸리므로, 지금은 많은 임신부가 임신 초기에 클라미디아 감염증 검사를 받는다.

증상이 없으므로 자신도 모르게 감염자일지도

남성은 요도를 통해 클라미디아에 감염되므로 증상을 알아차리기 쉽지만, 여성은 자궁경관을 중심으로 증상이 나타나며 증상이 없는

---

1 「고교생 무증상 클라미디아 감염증의 대규모 스크리닝 조사 연구」, 이마이 히로히사, 2011.

병원체	클라미디아 트리코마티스
감염 경로	사람 대 사람 감염. 일반적인 성관계는 물론 구강·항문 성교로도 감염
잠복 기간	1~3주(여성은 증상이 잘 나타나지 않는다.)
증상	남성은 배뇨통, 요도 가려움증, 여성은 하복부 통증, 부정출혈 등(단, 무증상인 사람도 많다.)

사람도 많다. 따라서 자신도 모르게 옮기도 하고, 반대로 자신도 모르게 다른 사람에게 옮기기도 한다.

증상이 없으므로, 감염되었다는 사실을 알아차리지 못하면 남성은 **정소 상체에 염증이 생겨서 난임의 원인이 되기도 한다. 또 여성은 난관 부근이나 복막, 그리고 간장 주위에 염증이 생길 가능성이** 있다. 더욱이 장기간 방치하면 자궁 외 임신이나 난임으로 이어질 수도 있다.

생식기 클라미디아 감염증은 성관계로 감염되므로 상대방도 감염되었을 가능성이 크다. 의료 기관에서 받을 수 있는 검사에는 항원 검사와 항체 검사가 있으며, 만일 감염되었다면 주로 테트라사이클린 등의 항생제로 치료한다.

예방하려면

가장 좋은 예방법은 콘돔을 사용하여 감염 위험을 낮추는 것이다. 정기적으로 성 매개 감염병 검사를 받는 것도 중요하다. 이 예방법은 모든 성 매개 감염병에 공통으로 적용된다.

남녀 모두 소변이나 가글액으로 검사할 수 있으며, 여성은 질 분비물로도 가능하다.

불특정 다수와 접촉하는 유흥업소에서는 감염될 가능성이 높으므로 주의해야 한다. 백신은 현재 개발 중[2]이다.

---

2 「The Lancet Infectious Diseases」, 덴마크 국립 혈청 연구소 백신 연구 센터, 2019.8.12.

41

생식기 헤르페스바이러스 감염증

생식기 헤르페스바이러스 감염증은 생식기나 입을 통해 단순헤르페스바이러스 1형·2형에 감염되어 발병하며, 감염된 부위에 극심한 통증이 느껴진다. 바이러스가 감각 신경을 타고 허리의 신경절에 잠복해 있으므로 계속해서 재발한다.

헤르페스바이러스 감염증에는 여러 유형이 있다

헤르페스바이러스에는 단순헤르페스바이러스, 수두대상포진바이러스, 거대세포바이러스, 사람헤르페스바이러스 6형·7형이 있는데, 생식기 헤르페스바이러스 감염증은 **단순헤르페스바이러스 1형, 또는 2형**에 감염되어 발병한다.

헤르페스바이러스는 성적 접촉 시에 생식기의 피부 점막을 통해 감염된다. 바이러스는 감염 부위에서 증식한 후 감각 신경을 타고 허리 엉치뼈부의 척수[1] 신경절에 잠복하고 있다가 신체의 면역력이 떨어졌을 때 발병한다.

바이러스는 평생 신경절에 잠복해 있다.

처음 걸렸을 때는 증상이 심하게 나타나며, 1형은 감염된 지 1년 이내에 20%의 확률로 1회 정도 재발한다. 2형은 1년간 90% 이상이 4~6회 정도 재발한다.

---

1 엉치뼈부의 척수는 척추 가장 아래쪽에 있는 다섯 개의 엉치뼈 속을 지나가는 신경 부분.

병원체	단순헤르페스바이러스
감염 경로	성관계를 통해 사람 대 사람 감염, 입으로도 감염
잠복 기간	2~10일
증상	약 38℃의 발열, 권태감, 외음부에 궤양이나 물집. 진행되면 뇌염이나 수막염

통증으로 고통받는 사람, 재발로 고통받는 사람

생식기 헤르페스바이러스 감염증은 생식기 클라미디아 감염증 다음으로 여성에게 많은 성 매개 감염병이다.

발열, 권태감과 함께 외음부에 궤양이 생기고 물집이 잡히며, 배뇨 시에 통증을 느낀다. 남성은 음경 체부와 귀두부에 궤양이 생기고 물집이 잡힌다.

감염된 지 3~5일 안에 가려움증과 통증을 동반하는 물집이 잡히고 이후 물집이 터져서 궤양이 된다. 약 1주일 후에 증상이 가장 심하며, 여기에서 더 진행되면 뇌염에 걸리기도 한다.

1형은 헤르페스 뇌염, 2형은 수막염으로 번지며 중증화하면 사망할 수도 있다. 뇌염은 일본에서 연간 100만 명 중 약 3.5명 정도의 확률로 나타난다.

생식기 헤르페스가 재발하면 생식기를 중심으로 엉덩이나 허벅지 등에 궤양 또는 물집이 생기는데, 증상이 잘 나타나지 않는 사람도 있다.

치료와 예방

증상이 있으면 물집 내 삼출액을 채취하여 조사하고, 증상이 없으면 혈액 검사(혈청 항체 검사)로 진단한다.

치료로는 항헤르페스바이러스제[2]를 복용한다.

감염되어도 일부에서는 증상이 나타나지 않으므로 성관계를 할 때는 콘돔을 사용하는 것이 바람직하다. 현재 백신은 아직 없다.

2　아시클로비르, 발라시클로비르.

42

뾰족콘딜로마

사람유두종바이러스(HPV)에 감염되어 생식기에 생기는 담홍색 또는 갈색 사마귀다. 재발이 잘 되므로 감염되었다면 완치될 때까지 끈기 있게 치료해야 한다.

종류가 다양한 HPV

뾰족콘딜로마란 **사람유두종바이러스(HPV)**에 접촉함으로써 피부나 상처를 통해 감염되는 병이다. 이 바이러스는 소형 DNA 바이러스로, 정이십면체의 캡시드[1]에 싸여 있으며 엔벌로프[2]가 없다.

대부분 성관계(구강성교, 항문성교 포함)로 감염되며, 전 세계 모든 국가에서 감염자가 나온다.

바이러스에 감염되면 남성은 귀두에서 항문 근처까지 오돌토돌한 사마귀가 생기고, 여성은 외음부와 질 내부, 항문 근처에 끝이 뾰족하고 오돌토돌한 사마귀가 생긴다. 남성과 여성 모두 가벼운 통증과 가려움증을 느끼지만 자각 증상은 거의 없다. 사마귀는 보통 1~3mm 정도인데, 2cm 가까이 되는 사마귀도 있다.

사마귀는 얕은 표피 부분에 생기고 커지면 진피 부분에까지 번지

---

1   바이러스 핵산을 감싸는 단백질로, 안에 든 핵산을 지키는 껍질 역할을 한다.
2   바이러스 입자에서 볼 수 있는 외막으로, 바이러스의 기본 구조가 되는 바이러스의 유전 물질과 캡시드를 감싸고 있다.

병원체	사람유두종바이러스(HPV)
감염 경로	사람 대 사람 감염. 일반적인 성관계뿐 아니라 구강·항문 성교로도 감염
잠복 기간	3주~1년(여성은 자각 증상이 잘 나타나지 않는다.)
증상	남성은 귀두에서 항문 근처, 여성은 외음부, 질 내부, 항문 근처에 끝이 뾰족하고 오돌토돌한 사마귀가 생긴다(단, 자각 증상은 거의 없다).

나 피하지방에는 도달하지 않는다. 참고로 뾰족콘딜로마의 잠복기는 3주~1년으로 길기 때문에 언제 감염되었는지를 알기 어렵다.

진단과 치료

HPV에 감염되어 생기는 사마귀에는 특징이 있으므로, 병원에서는 피부 상태를 보고 감염 여부를 확인한다. 치료를 할 때 외과적으로는 병변을 잘라내거나, 레이저, 전기 메스로 태우거나, 액체 질소로 동결한다. 내과적으로는 연고 등을 바른다.

바이러스를 완전히 제거하기는 어렵고 감염되어 발병하기까지 기간이 길어서, 치료가 끝난 후에도 재발 여부를 조기에 발견하는 것이 중요하다.

이 병은 사람 대 사람으로 감염되므로 파트너와 함께 치료해야 한다.

예방

뾰족콘딜로마는 정액으로 감염되지 않으므로 콘돔으로는 100% 예방하기가 어렵다. 바이러스는 피부나 점막의 작은 상처를 통해서도 들어온다.

HPV 백신 중 가다실 4가와 가다실 9가는 뾰족콘딜로마 예방에 효과가 있다.

또 여성의 경우 출산 시 아이에게로 수직 감염되기도 하므로, 임신부라면 산부인과에 가서 검진받는 것이 바람직하다.

43

임균 감염증

남성 생식기에 증상이 뚜렷하게 나타나는 감염병이다. 일시적으로 감염자가 감소했지만, 성 행동이 다양해지고 내성균이 발생하면서 환자 수가 다시 증가하고 있다.

임균 감염증이란

임균에 감염되어 발생하는 임균 감염증은 남녀 모두 걸릴 수 있으나 증상을 호소하는 사람은 남성이 압도적으로 많다. 그 이유는 성별에 따라 증상이 크게 다른 데 있다.

남성은 요도염이 생기는데, 요도가 붓고 가려우며 노란색 고름이 나와 알아차리기 쉽다. 반면, 여성은 자궁경관염이 생기지만 증상이 가벼워서 자각하기 어렵다. 그대로 방치하면 자궁, 난소, 난관 등 골반 내 기관에 염증이 생길 수 있다. 드물게 임균이 온몸으로 퍼져서 감염성 관절염이나 심장 판막을 침범하는 심내막염을 일으키기도 한다.

성 행동의 다양화와 내성균 발생이 감염 증가에 관여?

HIV가 사회 문제로 떠오르면서, 성관계 시 피임 기구를 사용하는 등 성 매개 감염병 예방에 힘쓰게 된 덕분에 임균 감염증 또한 일시적으로 감소했다. 그러나 임균은 인두나 직장에도 감염되기 때문에 최근 감염자가 다시 증가하는 중이다. 특히 인두에 감염되면 증상이 거

병원체	임균
감염 경로	성관계, 구강성교 등의 성 행동
잠복 기간	2~10일
주요 서식지	남성의 요도, 질, 인두 점막, 직장
증상	음경 끝이 부음, 요도에서 고름이 나옴, 배뇨통, 자궁경관염, 항문가려움증·통증·출혈

의 없는 탓에 구강성교 등으로 감염되는 사람이 늘고 있다. 항문성교 등으로 직장에 감염되면 항문가려움증, 통증, 출혈과 같은 증상이 나타난다. 내성균의 발생 또한 최근 임균 감염증이 증가하는 원인이다.

예방과 치료

임균 감염증은 감염을 예방해주는 백신이 없다. 감염을 예방하는 유일한 방법은 최대한 임균과 접촉하지 않는 것이다. 성관계를 할 때는 반드시 처음부터 콘돔을 사용하고 파트너를 자주 바꾸지 않아야 한다. 또 처음 만난 사람과 성관계를 할 때는 각별히 주의해야 한다. 더욱이 면역을 획득하기 어려운 탓에 치료해도 또다시 감염될 수 있다.[1] 파트너와 서로 감염을 주고받기도 하므로(일명 핑퐁 감염), 감염되었다면 완치될 때까지 파트너와 함께 치료받는 것이 바람직하다. 감염되면 임균의 증식을 막기 위해 항생제를 투여해 치료하지만, 내성균이 증가하여 사용할 수 있는 항생제가 제한적이다.

---

1 면역이 생기기는 하지만, 임균은 면역 공격의 표적인 표면 항원을 계속 바꿀 수 있으므로 변이를 일으킨 임질균에 반복 감염될 수 있다.

44

매독

매독 트레포네마라는 세균에 감염되어 발생하는 감염병으로, 세균이 피부 점막이나 상처 등을 통해 몸속으로 침입한다. 성적 접촉이 많을수록 감염될 위험이 크므로 주의해야 한다.

최근 감염자 수가 늘고 있다

1492년에 콜럼버스의 탐험 대원이 유럽에 퍼뜨린 이래 전 세계에서 유행한 매독은 원래 서인도제도의 풍토병이었다.

그런데 최근 매독 환자가 가파르게 늘고 있다. 정확한 원인은 파악되지 않았지만 피임 방법으로 콘돔이 아닌 피임약을 사용하게 되면서 점막에 접촉하는 횟수가 증가한 것과 관계가 있다. 남성 매독 환자 수는 여성의 2배 가까이 되며, 환자의 나이대를 살펴보면 남성은 20~40대가 많고, 여성은 20대가 압도적으로 많다.

매독은 **매독 트레포네마**라는 세균에 감염되어 걸리는 병이다. 성적으로 접촉하면 세균이 피부 점막이나 피부에 난 상처 등을 통해 몸속으로 침입한다. 매독은 시간이 지남에 따라 증상이 변화하면서 병세가 진행된다. 또 증상이 있기도 하고 없기도 하다.

감염 후 약 1개월간은 **제1기**라고 하여, 생식기나 입 등 세균이 감염된 부위에 궤양과 발진이 생긴다. 이 증상은 몇 주 후에 사라진다. 감염 후 3개월 정도 지나면 **제2기**가 되고, 손바닥이나 발바닥 등의 다

병원체	매독 트레포네마
감염 경로	성관계 또는 유사 행위를 통해 감염자로부터 직접 감염
잠복 기간	약 3주
증상	선천 매독 매독진, 골연골염 등
	후천 매독 제1기: 3주~, 생식기나 입술 등에 통증 없는 멍울, 림프샘 부종
	제2기: 약 3개월~, 손바닥, 발바닥 등 온몸에 장미진
	제3기: 3~10년, 피부와 뼈, 근육에 고무종
	제4기: 10년 이상, 신경이나 심장, 뇌에 장애, 사망하기도 한다.

양한 부위에 장미진(장미 모양의 작은 피부 발진, 돌발진)[1]이 생긴다. 그러나 몇 개월 지나면 다시 사라져버린다.

이후 몇 년간은 증상이 나타나지 않는다. 하지만 매독은 완전히 사라지지 않고 잠복하고 있다. 이 동안에 피부나 장기에 잠복하면서 세균 감염이 진행된다. 그리고 감염 후 수년에서 십수 년이 지난 **제3·4기(만기 매독)**에는 심장이나 혈관, 신경 등에 감염 증상이 나타나 매우 위험한 상황에 빠진다.

임신부가 매독에 걸리면 균이 태반을 통해 태아에게 감염되기도 한다. 이를 선천 매독이라고 하는데, 선천 매독은 사산이나 조산의 원인이 된다. 대부분 임신 초기에 매독 검사를 하지만

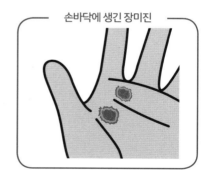
손바닥에 생긴 장미진

---

1 작은 장미꽃과 생김새가 비슷해 이런 이름이 붙었다.

이후에도 감염될 수 있다.

매독의 조기 발견과 치료

매독은 혈액 검사로 진단할 수 있다. 그러나 잠복기가 약 1개월 정도이므로 감염 직후에는 음성으로 나온다.

감염이 확인되면 먹는 페니실린 항균제로 치료하나 이미 증상이 나타난 부위가 낫는 것은 아니다. 현재는 이렇게 늦게 발견하는 사례는 줄었지만, 3기 이후까지 진행되면 완치를 기대하기 어렵다. 매독은 완치되더라도 면역이 생기지 않으므로 여러 번 감염된다.

감염 예방 대책

성관계를 할 때는 콘돔을 사용하고, 불특정 다수와 성관계하는 것을 자제해야 한다. 한 사람이 감염되었다면 파트너도 감염되었을 가능성이 크므로 상대방에게 알리고 함께 치료받는 것이 바람직하다.

45

에이즈

HIV가 림프구의 일종을 점차 파괴하여 면역력이 떨어졌을 때 증상이 나타난다. 면역력이 정상일 때는 병을 일으키지 않는 미생물로 인해 감염병(기회감염)이 발병한 상태를 에이즈라고 한다.

HIV 감염 경로

에이즈를 일으키는 HIV(사람면역결핍바이러스)는 감염된 사람의 혈액, 정액, 질 분비액, 모유에 많다. 혈액 감염은 주사기를 재사용할 때, 또는 혈액 제제, 임신 중이거나 출산할 때의 수직 감염으로 발생한다. 또 정액과 질 분비액 감염은 성관계 시에, 모유 감염은 수유 시에 일어난다. 숨을 쉬거나 찌개를 함께 먹는 등의 일상생활로는 감염되지 않는다.

오늘날에는 HIV에 감염되었더라도 약으로 치료하면 몸속 HIV 농도를 검출 한계 이하로 줄일 수 있다. 검출 한계 이하에서는 바이러스가 전염되지 않으므로[1] HIV 감염자와도 안심하고 생활할 수 있다. 이는 영어의 앞 글자를 따서 'U=U'로도 표기한다.[2]

----

1 각국의 조사에 따르면, 혈중 HIV의 농도가 검출 한계 이하일 때, 콘돔을 사용하지 않은 상태에서 생식기를 삽입하고 사정했을 경우, 13만 회 이상의 성접촉(이성, 동성 간을 포함)에서 감염이 인정되지 않았다. 모유 감염은 감염률이 0이란 증거는 없으므로 분유 수유가 권장된다.

2 '검출 한계 이하'는 Undetectable, '전염성이 없다'는 Untransmittable.

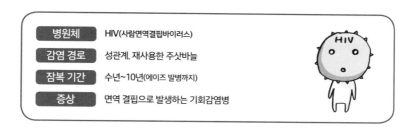

병원체	HIV(사람면역결핍바이러스)
감염 경로	성관계, 재사용한 주삿바늘
잠복 기간	수년~10년(에이즈 발병까지)
증상	면역 결핍으로 발생하는 기회감염병

감염된 지 10여 년 후에 에이즈 발병

우리 몸에 들어온 HIV는 먼저 면역 체계에 지령을 내리는 헬퍼 티 세포를 감염시킨다. HIV가 감염 후 수년에서 10년이 넘는 세월 동안 헬퍼 티 세포를 파괴하므로, 헬퍼 티 세포의 수는 감소한다.

혈액 속에 헬퍼 티 세포가 일정 수보다 적어지면 면역 체계가 정상일 때는 물리칠 수 있는 세균, 곰팡이, 바이러스 등의 미생물에 감염

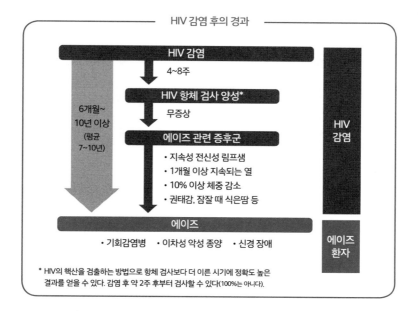

HIV 감염 후의 경과

HIV 감염

4~8주

HIV 항체 검사 양성*

무증상

에이즈 관련 증후군
- 지속성 전신성 림프샘
- 1개월 이상 지속되는 열
- 10% 이상 체중 감소
- 권태감, 잠잘 때 식은땀 등

6개월~
10년 이상
(평균
7~10년)

HIV
감염

에이즈
- 기회감염병　　• 이차성 악성 종양　　• 신경 장애

에이즈
환자

* HIV의 핵산을 검출하는 방법으로 항체 검사보다 더 이른 시기에 정확도 높은 결과를 얻을 수 있다. 감염 후 약 2주 후부터 검사할 수 있다(100%는 아니다).

되어도 증상이 나타난다. 암에 걸리기도 한다. 이와 같은 감염병을 **기회감염병**이라고 하며, 23종의 질환이 지표 질환으로 지정되어 있다. HIV에 감염되어 이 기회감염병이 발병한 상태를 에이즈라고 부른다.

항레트로바이러스 요법의 등장

현재 일본에서 체내 HIV의 증식을 억제하는 약으로 허가받은 약은 18종으로, HIV 감염증은 이 약 중 몇 가지를 적절하게 조합하여 치료한다(항레트로바이러스 요법 또는 ART 요법). 이 치료법 덕분에 혈액 속 HIV는 검사로 좀처럼 검출되지 않는 수준까지 감소했다.[3]

HIV 감염증을 치료하지 않으면 기회감염병이 발병해 보통 10년 정도밖에 생존하지 못한다. 그러나 HIV 감염자라도 적절하게 치료하면 비감염자의 평균 여명[4]과 거의 비슷한 수준까지 생존한다.

현재 감염 상황

일본에서는 2013년에 1,590명이 HIV 감염·에이즈에 확진되었다고 보고된 이후로 비슷하거나 약간 감소하는 추세다(한국은 2021년에 975명이 신규 보고되었다). 이 중 남성 간의 성접촉으로 감염된 사람이 71%, 20~40대가 70%를 넘는다. 즉 활발하게 성적 활동을 하는 시기의 남성 동성 간에 많이 감염된다는 사실을 알 수 있다.[5]

---

3 예를 들어 PrEP라는 약은 감염될 위험이 큰 행위 전후에 복용하면 높은 확률로 HIV 감염을 예방할 수 있다.
4 일정한 나이까지 생존한 사람이 평균 얼마나 오래 생존했는지를 나타낸 수치.
5 일본에서 재사용한 주사기로 감염되는 사례는 연간 1~5건으로 매우 적다.

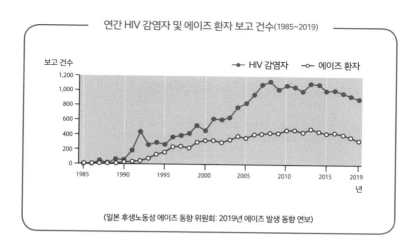

연간 HIV 감염자 및 에이즈 환자 보고 건수(1985~2019)

(일본 후생노동성 에이즈 동향 위원회: 2019년 에이즈 발생 동향 연보)

46

사람유두종바이러스

사람유두종바이러스(HPV)는 성관계를 통해 감염된다. HPV에 감염되면 자궁경부, 외음부, 항문 등에 뾰족콘딜로마나 암이 생기기도 한다. 백신 접종으로 예방할 수 있다.

100종이 넘는 HPV 유형

사람유두종바이러스(HPV)의 종류는 100가지가 넘는다. 이 중에는 생식기와 항문 등에 사마귀를 만드는 바이러스도 있다. 뾰족콘딜로마[1]라고 불리는 이 사마귀는 몸 외부에 생기는 사마귀와 조직 내부에 생기는 사마귀로 나뉜다. 몸 외부에 사마귀를 만드는 바이러스는 HPV 6형과 11형으로, 대부분 암을 유발하지 않는다(저위험군). 몸속에 사마귀를 만드는 HPV에는 16형, 18형 등 약 15종류가 있는데, 이 바이러스는 암을 유발하기도 한다(고위험군). 모두 성관계로 감염된다.

HPV 감염으로 발병하는 자궁경부암

고위험군 HPV에 감염되어도 약 90%에서는 바이러스가 면역 체계에 의해 자연히 제거된다. 나머지 10%는 바이러스가 자궁 입구(자궁경

---

1 「42. 뾰족콘딜로마」 참조.

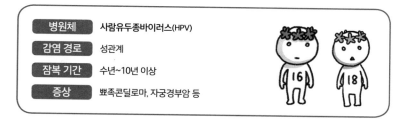

병원체	사람유두종바이러스(HPV)
감염 경로	성관계
잠복 기간	수년~10년 이상
증상	뾰족콘딜로마, 자궁경부암 등

부) 등에 지속 감염된 상태가 되고 감염 부위 일부에서 전암 병변[2]을 거쳐 암에 이른다. 한국에서는 1년간 약 5만 명의 여성이 자궁경부암으로 진료를 받으며, 3,500명가량이 새로 진단된다.

자궁경부암 검사

HPV 감염으로 발병하는 자궁경부암은 전암 병변일 때 진단받으면 사망 확률이 10분의 1 정도로 크게 떨어진다. HIV 백신 접종 덕분에 자궁경부암을 일으키는 주요 바이러스 유형에 감염될 확률은 낮아졌다. 그러나 백신을 접종한 후에도 정기 검사로 경과를 관찰하고, 필요할 경우 수술을 한다면 자궁경부암으로 사망할 확률을 더욱더 낮출 수 있다.[3]

전암 병변일 때 발견하면 원추 절제술로 조금만 도려내면 되지만, 암이 진행될수록 도려내는 범위가 커져 치명률도 높아진다.

---

2 전암 병변이란 세포가 암세포와 비슷한 형태로 변하지만, 침윤과 같은 암세포의 특징적 성질을 보이지 않는 상태. 초기 단계에서는 자연 치유되기도 한다.

3 「06. 백신이란 무엇일까?」 참조.

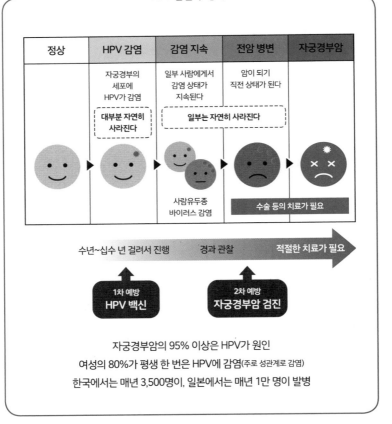

HPV 감염 후 경과

정상	HPV 감염	감염 지속	전암 병변	자궁경부암
	자궁경부의 세포에 HPV가 감염	일부 사람에게서 감염 상태가 지속된다	암이 되기 직전 상태가 된다	

대부분 자연히 사라진다

일부는 자연히 사라진다

사람유두종 바이러스 감염

수술 등의 치료가 필요

수년~십수 년 걸려서 진행　　경과 관찰　　적절한 치료가 필요

1차 예방
HPV 백신

2차 예방
자궁경부암 검진

자궁경부암의 95% 이상은 HPV가 원인

여성의 80%가 평생 한 번은 HPV에 감염(주로 성관계로 감염)

한국에서는 매년 3,500명이, 일본에서는 매년 1만 명이 발병

자궁경부암의 치료 및 수술

자궁경부암은 수술과 방사선 치료 등을 조합하여 치료한다. 자궁경부암을 전암 병변일 때 발견하면 원추 절제술로 자궁경부만 도려내면 된다. 이 시기에 치료하면 5년 후 생존율이 약 95% 이상이다.

　암이 진행될수록 자궁 전체 적출, 난소까지 포함한 적출로 도려내는 범위가 커지므로 생존율이 낮아진다. 또 진행된 암은 재발률도 높다.

자궁경부암 이외의 암

조사에 따르면 HPV는 자궁경부암 이외에도 다양한 암을 일으키며, HPV가 원인인 암은 전체 암의 2%에 달한다고 한다.

한 예로 인두암의 위험 인자는 흡연이나 음주지만 상당히 많은 사례에서 HPV가 관여한다는 사실이 드러났다. 또 항문암 환자의 80~90%, 음경암 환자의 27~71%가 HPV 감염자였다.

제 6 장

세계를 위협해온
바이러스 감염병

47

천연두

천연두는 감염되면 온몸에 고름이 가득 찬 물집이 생기는 점이 특징으로, 전염력이 강하고 치사율이 20~50% 정도로 높다. 천연두의 병원체인 천연두바이러스는 인류가 처음으로 정복한 바이러스다.

증상이 규칙적으로 변화

천연두에 걸리면 고열이 2~3일간 계속되고 온몸이 나른하며 통증이 느껴진다. 일단 병이 다 나아갈 무렵에 붉은색 발진이 머리, 얼굴에 생기고 온몸으로 퍼져나간다.

발진은 지름 5~10mm로 일반적인 발진보다 크다. 발진은 약간 부풀어 오른 구진이었다가 물집으로 변하는데, 약간 오목하게 팬 모양이 특징이다. 과거에는 '배꼽처럼 가운데가 오목하게 패면 천연두, 그렇지 않으면 홍역'으로 구분했다.

발진은 곧 약간 탁하고 고름으로 가득한 물집이 되고, 이후 말라서 거무스름한 딱지로 변한다. 딱지가 떨어진 곳은 피부색이 옅게 변한다. 정상으로 돌아오는 데 수 주일이 걸리며, 평생 마맛자국이 남기도 한다. 증상은 '홍반→구진→수포(물집)·농포→결가→낙설' 순으로 규칙적으로 변한다.[1]

---

1   홍반은 눈에 보이는 붉은색 발진, 구진은 부풀어 오른 발진, 수포는 내부에 투명한 액체가 든 발진을 말한다. 농포는 물집의 내용물이 황백색으로 변한 것, 결가는 상처에서 나온 고름, 진물 등이 말라서 살갗에 딱지가 앉는 현상, 낙설은 각질이 떨어지는 현상을 일컫는다.

병원체	**천연두바이러스**
감염 경로	비말 감염, 접촉 감염
잠복 기간	7~16일
주요 발생지	현재 지구상에 없다(CDC, VECTOR에 보관).
증상	발열, 두통, 요통, 구진, 화농, 호흡 곤란, 호흡 부전

딱지가 완전히 떨어지기 전에는 다른 사람에게 전염될 수 있으므로 반드시 격리해야 한다. 천연두는 사람 대 사람으로 직접 감염되고, 환자 또는 환자의 옷이나 시트에 직접 닿아 감염되기도 한다.

2~3주 만에 회복되어 목숨을 건질 수도 있지만, 출혈성이면 2~3주 만에 사망한다. 치사율은 20~50%에 달한다. 목숨을 건지더라도 실명하는 사람이 많았다고 한다.

역사가 들려주는 천연두

천연두는 아주 오래전부터 유행한 감염병이다. 고대 이집트의 제20왕조 람세스 5세(기원전 12세기 사망)의 미라 머리에서는 천연두의 특징인 고름 찬 물집 자국이 발견되었다. 또 1521년 스페인의 코르테스가 아스테카제국을 정복할 수 있었던 이유는 스페인 사람이 이주하면서 천연두바이러스를 널리 퍼뜨렸기 때문이라고 한다. 잉카제국 역시 천연두가 퍼지면서, 1526년 우아이나 카팍 황제를 시작으로 후계자인 니난 쿠요치와 신하들이 연이어 사망했고, 이런 혼란한 상황을 틈타 1533년 스페인의 피사로 부대가 단숨에 잉카제국을 정복했다고 한다.

인두법·종두법에서 백신 접종으로

천연두에 걸렸다가 완치된 사람은 면역력이 강해진다는 사실을 오래 전부터 사람들은 알고 있었다. 민간요법에서는 실제 천연두 환자의 고름을 건강한 사람에게 접종했지만,[2] 접종자의 약 2%는 병이 더 위중해졌다. 영국의 의사 에드워드 제너는 1796년에 농민들 사이에서 전해져오는 "소를 키우는 사람은 천연두에 걸리지 않는다"라는 말을 듣고, 만 8세 아이에게 우두를 접종했다. 그리고 정말 천연두에 걸리지 않는다는 사실을 확인했다. 이것이 백신의 시작이다.

참고로 백신의 어원은 라틴어 Variolae vaccine(우두)이다. 최근 유전자가 해석되면서 이 바이러스는 사실 마두바이러스였다는 사실이 밝혀졌다.[3]

천연두 종식

1958년, WHO의 총회에서 소련의 미생물학자 빅토르 즈다노프가 '세계 천연두 종식 결의'를 제안함으로써, 전 세계의 발병국에서 천연두 백신 접종이 추진되었다. 그리고 1977년 소말리아인 청년을 마지막으로 자연 감염된 천연두 환자가 보고되지 않음으로써, 마침내 1980년 5월 8일, WHO는 공식적으로 '지구상에서 **천연두라는 질병이 완전히 사라졌다**'고 선언했다. 이는 인류가 처음으로 바이러스와의 싸움에서 승리했다는 선언이었다.

----

2   인두법이라고 하며, 기원전 1000년경 인도에서 실제로 행해졌다.
3   「06. 백신이란 무엇일까?」 참조.

천연두바이러스는 지구상에서 사라졌지만, 언젠가 다시 유행할 때 백신을 만들 수 있도록 현재 미국 질병통제예방센터(CDC)와 러시아 국립 바이러스학·생물공학 연구소(VECTOR) 두 곳에 엄중히 보관되어 있다.

48

풍진

풍진은 바이러스성 질환으로, 주요 증상에는 발열, 발진, 림프샘 부종 등이 있다. 임신 20주 이하의 임신부가 감염되면 태아에게 선천성풍진증후군을 일으켜 심장 기형, 백내장, 난청과 같은 기형이 발생한다.

풍진바이러스의 감염과 증상

풍진바이러스의 전염력은 홍역이나 수두보다 약하지만, 인플루엔자보다는 강하다. 또 바이러스의 크기가 작아서 손 씻기, 양치질, 마스크 착용으로는 예방하기 어렵다.

풍진바이러스에 감염되면 2~3주 동안에는 발열, 발진, 림프샘 부종이 심하게 나타나지만, 이 증상은 다른 질환에서도 많이 나타나므로 증상만 보고 풍진으로 진단하기는 어렵다.[1]

따라서 풍진은 항체 검사로 진단한다.[2] 발진이 나타난 시점에 이미 항체가 생기므로 혈액 속의 항체를 측정함으로써 진단할 수 있다.

임신부가 감염되면 태아에게 **선천성풍진증후군(CRS)**이 발병하기도 한다. 발병률은 임신 초기일수록 높아서 임신 1개월에서 50% 이상, 2개월에서 35%, 4개월에서 8% 정도라고 한다. 풍진에 걸린 임신부에게 증상이 나타나지 않았더라도 태아에게는 선천성풍진증후군이

---

1   증상은 사람마다 제각각이어서, 무증상인 사람도 있고 간 기능에 문제가 생기는 사람도 있다.
2   처음 감염되었을 때 만들어지는 특수한 항체, IgM의 유무를 조사한다.

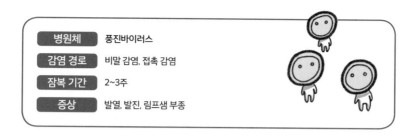

병원체	풍진바이러스
감염 경로	비말 감염, 접촉 감염
잠복 기간	2~3주
증상	발열, 발진, 림프샘 부종

발병할 수도 있다. 선천성풍진증후군의 전형적 증상은 심장 기형, 백내장, 난청이다.[3]

풍진 백신

백신으로는 세계적으로 풍진, 홍역, 유행성이하선염(볼거리) 백신을 혼합한 MMR 3종 혼합 백신을 많이 맞는다. 이 백신은 총 2회 접종하는데, 만 1세 이전에 1번, 초등학교 입학하기 1년 전에 또 1번 맞는다.

선천성풍진증후군의 주요 증상

- 백내장
- 망막증
- 녹내장 등

선천성 귓병
- 난청

선천성 심장병
- 동맥관 개존증

- 저출생 체중
- 혈소판 감소성 자반병 등

일본의 경우 과거에 거의 5년 주기로 풍진이 유행했으므로 이때 감염되면 자연 면역이 생길 것으로 기대되었다. 1979년 4월 1일 이전에는 백신 접종이 이루어지지 않았다. 그래서 이 시기에 태어난 남성은 대부분 항체가 충분하지 않아 바이러스를 널리 퍼뜨릴 가능성이

---

3 그 밖에도 지적장애, 당뇨병, 소안구증 등 증상이 매우 다양하다.

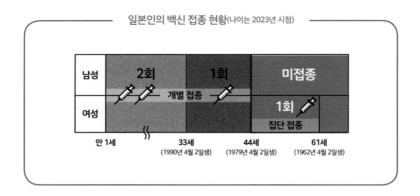

일본인의 백신 접종 현황(나이는 2023년 시점)

| 남성 | 2회 | 1회 | 미접종 | |
| 여성 | 개별 접종 | | 1회 | |

만 1세　33세(1990년 4월 2일생)　44세(1979년 4월 2일생)　61세(1962년 4월 2일생)

있으므로, 지자체가 주도하여 항체량 검사와 백신 접종을 추진하고 있다. 또 가임기 여성과 그 가족이라면, 태아에게 선천성풍진증후군이 나타나지 않도록 충분한 항체를 미리 획득해두어야 한다.

유행 현황

2015년 WHO는 남북아메리카 대륙에서 풍진과 선천성풍진증후군이 완전히 사라졌다고 선언했다. 백신 접종률이 92%를 넘으면서 12개월 이상 국내 감염자가 나오지 않았기 때문이다.[4] 한국 역시 2017년 WHO로부터 풍진 퇴치국 인증을 받았다. 한편 일본은 지난 2012~2013년에 대유행해서 1만 7,000명에 가까운 환자가 발생했고, 2018~2019년에도 증가세를 보인 바 있다. 미국의 질병통제예방센터는 임신부에게 일본 출국을 자제하라고 경고했다.

4　해외에서 풍진에 걸려 온 환자는 있었다.

49

바이러스간염

간염의 원인은 혈액이나 입을 통해 옮는 간염바이러스뿐만이 아니다. 비만이나 과도한 음주 등도
간염의 원인이 된다. 간염 증상을 일찍 알아차리지 못하면 간염에서 간경변으로, 더 나아가 간암
으로 발전한다.

간염과 간염바이러스

간염이란 어떤 원인에 의해 간에 염증이 생기는 병으로, 가장 큰 원
인은 **간염바이러스** 감염이다.[1]

바이러스간염은 모두 간염바이러스에 감염되어 발병하지만, 원인
이 되는 바이러스 유형에 따라 A형간염, B형간염, C형간염, D형간염[2],
E형간염으로 나뉜다. 참고로 간이 단지 간염바이러스에 감염된 상태
는 간염이 아니다. 간염은 간에서 증식하기 시작한 바이러스를 물리
치기 위해 면역 세포가 간세포를 파괴할 때 발병한다.

5가지 간염 중 흔히 걸리는 감염병은 A형, B형, C형 간염이다.

A형간염

A형간염바이러스는 주로 충분히 익히지 않은 어패류를 섭취할 때 감

---

1 이외에도 알코올 과잉 섭취, 과식, 비만으로 인한 지방간, 약물 · 영양제 과잉 섭취, 자가 면역
등이 간염의 원인이다.
2 D형바이러스는 B형바이러스가 없으면 증식하지 못하는 특수한 바이러스로, 단독 감염은 일
으키지 않는다.

병원체	A형간염바이러스
감염 경로	오염된 음식물 섭취, 성적 접촉
잠복 기간	2~7주
주요 발생지	상하수도가 정비되지 않은 지역
증상	발열, 전신의 권태감, 식욕 부진, 구토, 황달 등. 고령자는 중증화하기도 한다.

염된다. 증상이 나타나도 대부분 수개월 만에 자연 치유되는 일회성 질환이므로, 보통은 치료하지 않는다. 또 만성 간염으로 이어지는 사례가 극히 드물며, 발암 가능성도 매우 낮다.

B형간염

B형간염바이러스는 모체에서 신생아로 감염되는 수직 감염(산도 감염), 수혈, 성관계, 의료 종사자가 주삿바늘에 찔리는 사고 등(수평 감염), 혈액이나 체액을 매개로 감염된다.

성인이 수평 감염되면 급성 간염을 일으키지만, 대부분 자연적으로 치유되며 중증화하는 일은 드물다.

수직 감염되거나 어린 나이에 수평 감염되면, 균이 있어도 증상은 나타나지 않는 무증상 보균자가 된다. 증상이 나타나면 만성 간염 상태가 되며 간경변을 거쳐 간암으로 진행한다.

C형간염

C형간염은 수혈, 비위생적인 도구를 이용한 문신, 피어싱, 성관계 등

병원체	B형간염바이러스
감염 경로	수혈, 성적 접촉, 수직 감염, 주삿바늘에 찔리는 사고, 베인 상처를 통해 침입
잠복 기간	1~6개월(평균 3개월)
증상	발열, 두통, 전신의 권태감, 식욕 부진, 설사, 황달 모자간에 수직 감염된 아이는 무증상 보균자가 된다.

병원체	C형간염바이러스
감염 경로	수혈, 주사기 공유, 문신
잠복 기간	2주~6개월
증상	발열, 두통, 전신의 권태감, 식욕 부진, 설사, 황달 감염 초기에는 대체로 자각 증상이 없다. 감염 후 20~30년에 걸쳐 간경변, 간암으로 진행

으로 감염된다.

감염 후, 수개월 이내의 잠복기를 거친 뒤 급성 간염을 일으키기도 하나 대부분 감염되어도 자각 증상이 없다. 감염자의 약 20~30%는 바이러스가 사라져 간 기능을 회복하지만, 약 70~80%는 만성 간염 상태가 되고, 더 나아가 간경변, 간암으로 진행하는 사례가 많다.

예전에는 C형간염 치료에 인터페론(바이러스에 감염된 동물 세포가 생성하는 당단백질. 바이러스의 감염과 증식을 저지하는 작용을 한다-옮긴이)을 사용했다. 그러나 2014년 이후부터 직접 작용형 항바이러스제를 사용하게 되면서, 95%가 넘는 사람에게서 바이러스를 없애는 데 성공했다.

E형간염

E형바이러스(HEV)는 돼지의 생간, 야생동물을 익히지 않고 먹거나 분변으로 오염된 물을 마셔서 경구 감염된다. 감염되면 평균 6주간의 잠복기를 거쳐 발열, 구역감, 복통 등의 급성 간염 증상이 나타나지만, 대부분 자연 치유된다.

간염과 간암

간염 초기에는 자각 증상이 없으므로, 자칫 모르고 넘어가기 쉽다. 그러나 방치하면 끝내 간암으로 발전하기도 한다.

간에 염증이 생기면 발열, 권태감, 식욕 부진 등이 생기고, 이어서 눈과 얼굴이 누렇게 변하는 황달 증상이 나타난다. 소변 색도 진해진다. 급성 간염이라면 대체로 증상이 명확하게 나타나지만, 만성 간염은 증상이 없는 사람도 많아서 병에 걸렸다는 사실을 알아차리기 어렵다. 만성 간염을 방치하면 간경변으로 진행하고, 간염의 원인을 없애지 못하면 간암으로 이어진다. 건강검진 시에 혈액 검사에서 이상 수치가 나왔다면 하루빨리 병원에 가서 진찰받도록 하자.

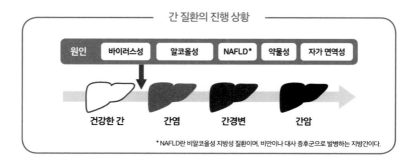

간 질환의 진행 상황

| 원인 | 바이러스성 | 알코올성 | NAFLD* | 약물성 | 자가 면역성 |

건강한 간 　간염 　간경변 　간암

*NAFLD란 비알코올성 지방성 질환이며, 비만이나 대사 증후군으로 발병하는 지방간이다.

뎅기열

주로 열대·아열대 지방에 서식하는 모기가 매개하는 바이러스 감염병이지만, 일본에서도 유행한 적이 있다. 두 번째로 감염되었을 때 중증화한 사례가 있다.

열대 지방에서 모기가 매개

뎅기열은 **뎅기바이러스에 감염**되어 발병하며, 바이러스를 매개하는 숲모기의 서식지인 동남아시아, 남아시아, 중남미에서 많이 발생하지만, 보고에 따르면 오스트레일리아와 타이완에서도 발생한 적이 있다. 전 세계에서 1년에 1억 명 정도가 뎅기열바이러스에 감염된다.

여름철에는 일본에서도 뎅기바이러스의 매개체인 흰줄숲모기가 늘어나는 탓에, 감염 지역을 방문한 사람을 중심으로 바이러스가 퍼지기도 한다. 2014년에는 도쿄에서도 유행하여 150명이 넘는 감염자가 나왔다.[1] 한국 역시 흰줄숲모기가 서식하고 해외 유입 환자도 꾸준히 발생하고 있으므로, 토착화되지 않도록 주의해야 한다.

---

1 일본에서는 1942~1945년에 걸쳐 뎅기열이 크게 유행했다. 기록에 따르면 17,554명이 감염되었다고 하는데, 실제로는 20만 명은 충분히 넘었을 것으로 보인다. 제2차 세계대전이 막바지로 치달을 무렵, 미국의 도쿄 대공습(태평양 전쟁 중 일본 본토 공습 작전의 하나로, 미군이 도쿄에 네이팜탄을 대량으로 투하하여 모조리 파괴해버린 공습 작전-옮긴이) 때 미국의 폭격에 따른 화재에 대비하여 상점가에 방화수 통을 비치했는데, 이 통에 모기가 대량으로 발생하면서 뎅기열이 크게 유행했으리라고 추정된다.

병원체	뎅기바이러스
감염 경로	모기가 매개
잠복 기간	3~7일
주요 매개체	숲모기, 흰줄숲모기
증상	발열, 두통, 근육통, 관절통, 감염되었을 때 생긴 항체로 중증화

뎅기열의 증상

감염된 지 3~7일쯤 지나면 갑자기 두통, 근육통, 관절통을 동반하는 고열이 난다. 발병 후 3~4일 후부터는 몸통에 발진이 나타나기 시작해 손과 발로 퍼진다. 이 증상들은 1주일 만에 사라지며 후유증도 남지 않는다. 참고로 감염자의 절반 이상은 바이러스에 감염되어도 증상이 없는 무증상 감염자로 추정된다.

뎅기바이러스에는 네 가지 유형이 있고, 이 중 감염된 바이러스의 항체는 평생 혈액 속에 남는다. 이후 과거에 감염된 바이러스와 다른 유형의 바이러스에 감염되면 **중증 뎅기열**(뎅기 출혈열, 뎅기 쇼크 증후군)로 진행하기도 한다. 감염된 바이러스에 대한 항체가 다른 유형의 바이러스 감염을 부추기는 것이다.

중증 뎅기열은 뎅기열 증상이 어느 정도 누그러졌을 때, 코와 소화관 출혈, 혈압 저하와 같은 쇼크 증상을 동반하기도 한다. 방치하면 사망률이 20% 이상이지만, 적절하게 치료하면 1% 이하로 억제할 수 있다.

예방법

뎅기열 예방법의 기본은 유행 지역을 여행할 때 피부를 되도록 가리고, 벌레 퇴치 스프레이를 정확히 사용하여 모기에게 물리지 않는 것이다. 예전에는 해외 출국자 전용 백신이 있었지만, 외국에서 백신 접종자에게 중증 뎅기열이 발병할 확률이 높다고 판명되면서 백신 접종이 중단되었다.

51

홍역

홍역은 감염자와 한 공간에 있기만 해도 감염될 확률이 90%에 이를 정도로 전염력이 강하다. 그러나 오늘날에도 여전히 효과적인 치료 약이 없어서 전 세계를 두려움에 떨게 하고 있다.

전염력이 매우 강한 홍역바이러스

홍역[1]은 **홍역바이러스**가 사람 대 사람으로 감염되어 발병한다. 오늘날에도 세계 각지에서 수많은 사람이 홍역을 앓고 있으며 사망자도 많다. 홍역이 전 세계에서 발병하는 이유는 전염력이 강하기 때문이다.

홍역바이러스는 비말핵으로 공기 감염된다. 면역력이 약한 사람은 감염자와 한 공간에 있기만 해도 거의 100% 감염된다. 마스크나 손 씻기로는 예방할 수 없으며, 백신 접종만이 홍역바이러스 감염을 막는 유일한 수단이다.

홍역에 걸리면 저절로 낫기를 기다릴 수밖에 없다. 감염자는 대부분 자연 치유되며, 이후에는 생애 지속되는 면역을 획득하는 덕분에 두 번 다시 홍역에 걸리지 않는다.

홍역에 걸리면 폐렴이나 중이염과 같은 합병증이 생기기 쉽고, 감염자 중에는 뇌염으로 발전하는 사람도 있다.

---

1 홍역의 다른 이름은 '마진'이다. 마진은 중국어에서 유래한 말로, 온몸에 나타나는 발진이 삼씨를 뿌린 것처럼 보이는 데서 유래한 병명이다.

병원체	홍역바이러스
감염 경로	공기 감염(비말핵 감염), 비말 감염, 접촉 감염
잠복 기간	7~14일
주요 서식지	감염자의 몸속, 침, 콧물
증상	두통, 발열, 권태감, 관절통, 인후통 등의 증상이 나타나고 귀 뒤쪽이나 이마 언저리부터 붉은색 발진이 나타나기 시작해 서서히 온몸으로 퍼진다.

또 홍역바이러스가 몸속에 계속 남아 감염자의 뇌에 오랜 기간 영향을 끼치기도 한다. 이 경우에는 10년 정도 지난 후에 암기력이 떨어지고, 손에 든 물건을 떨어뜨리며, 똑바로 걷지 못하는 등의 증상이 나타난다.

일시적으로 홍역 백신의 접종을 중단한 일본

홍역 유행을 막는 중요한 수단은 백신 접종이지만, 일본에서는 1990년대에 일시적으로 집단 접종을 보류했다. MMR 3종 혼합 백신(홍역, 유행성이하선염, 풍진) 접종 후 무균성 수막염에 걸리는 사례가 보고된 것이다. 그리하여 홍역 백신을 맞지 않아 면역이 없는 세대가 대학생이 되는 2007년부터 2008년까지, 대학교를 중심으로 홍역이 크게 유행했다. 일본 정부는 중·고등학생에게 긴급히 백신을 접종했고, 이로써 유행은 사그라들었다.[2]

2　그 후 일본에서 토착 홍역바이러스에 감염된 신규 감염자가 3년간 확인되지 않았으므로, WHO는 2015년 일본을 홍역 청정국으로 인정했다. 한국 역시 2014년 홍역 퇴치 인증을 받았다. 하지만 해외 유입을 통한 감염자는 일본과 한국 모두 간혹 발생하므로 주의가 필요하다.

52

라사열

라사열은 서아프리카에서 매년 유행하는 풍토병이다. 그러나 때때로 서아프리카 밖으로 퍼져나가 서구 여러 나라에서 감염자를 냄으로써 인류를 두려움에 떨게 하고 있다. WHO는 라사열을 전 세계에서 유행할 위험성이 높은 병으로 경계하고 있다.

서아프리카의 풍토병이 된 라사열

라사열은 1969년 나이지리아의 라사 마을에서 발견된 병이다. 첫 번째 환자는 기독교계 병원에서 일하던 여성 간호사였다. 이 여성은 갑자기 목이 아프다고 호소했는데 얼마 안 가 목구멍에서 궤양이 발견되었다. 이후 40℃를 넘는 고열이 나더니 몸 전체에 출혈반·호흡 곤란·혈압 강하와 같은 증상이 나타나 사망했다.

이후 같은 병원에서 간호사 3명에게 똑같은 증상이 나타났으며 이 중 2명이 연이어 사망했다. 1970년대에 들어와 이 병의 원인 바이러스가 밝혀졌고 마을의 이름을 따 **라사바이러스**라고 명명되었다.

라사열은 사하라사막 이남의 서아프리카 국가[1]에서 매년 유행하는 풍토병이 되었다. 특히 시에라리온에서는 병원 밖에서 감염되는 사람이 많고, 미국 질병통제예방센터의 조사에 따르면 주민의

---

1 시에라리온, 나이지리아, 라이베리아, 세네갈, 기니 등.

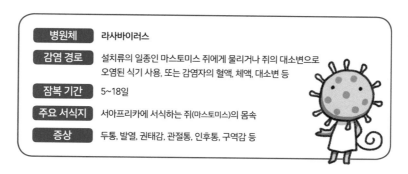

병원체	라사바이러스
감염 경로	설치류의 일종인 마스토미스 쥐에게 물리거나 쥐의 대소변으로 오염된 식기 사용, 또는 감염자의 혈액, 체액, 대소변 등
잠복 기간	5~18일
주요 서식지	서아프리카에 서식하는 쥐(마스토미스)의 몸속
증상	두통, 발열, 권태감, 관절통, 인후통, 구역감 등

8~52%에게 항체가 있다고 한다.[2]

라사바이러스의 매개체는 쥐

라사바이러스는 서아프리카와 중앙아프리카에 서식하는 들쥐의 사촌인 **마스토미스 종에 속하는 설치류**의 몸속에서 증식한다. 라사바이러스를 보유한 마스토미스 쥐에게 물리거나 쥐의 대소변으로 오염된 식기를 사용함으로써 감염된다.

일본에서도 감염자가 발생한 적이 있다

일본의 경우 1987년, 시에라리온을 여행하고 돌아온 40대 남성이 귀국 후 발병한 사례가 있다. 또 미국·영국·독일·스웨덴에서도 감염자가 나왔으며, 2019년에는 나이지리아에서 크게 유행했다. 서아프리카 방면을 여행했다면 라사열에 걸리지는 않았는지 귀국 시에 주의 깊게 지켜보아야 한다.

----

2 이 조사에서는 순수 농촌 지대의 항체 보유율이 높게 나타났다. 이는 시에라리온의 특정 지역에서는 일상적으로 라사바이러스에 접촉한다는 사실을 보여준다.

53

폴리오

폴리오는 '소아마비'로도 알려져 있으나 마비 증상이 나타날 확률은 실질적으로 드물다. 다만 무증상인 경우가 많아 바이러스를 자신도 모르는 사이 퍼뜨리게 되므로 주의를 요한다.

감염되어도 대부분 증상이 없는 폴리오

폴리오는 급성회백수염을 의미하는 '폴리오마이엘라이티스(polio-myelitis)'에서 유래한 이름으로, 척수나 뇌의 회백질[1]에 염증이 생기는 병이다. 어린아이가 감염되면 다리 등에 마비 증상이 남기도 하므로 과거에는 소아마비라고도 불렀다.

폴리오의 원인은 **폴리오바이러스** 감염이다. 입을 통해 들어간 폴리오바이러스는 먼저 소장 세포에 들어가고, 이후 증식하면서 혈액으로 들어가 허리 부근에 있는 척수에 도달한다. 바이러스는 척수의 회백질에서 빠르게 증식하고 그 세포를 파괴하기도 한다. 그러면 파괴된 부위와 연결된 근육 등에 마비 증상이 나타난다. 바이러스가 뇌에 도달하면 연수 세포를 파괴하므로 호흡 중추 등이 손상되어 목숨이 위태로워진다. 다만, 마비 증상이 나타나는 사람은 전체 감염자의 0.1% 정도로, 감염되어도 대부분 무증상이거나 가볍게 앓고 지나간다.

---

1 회백질이란 척수, 뇌와 같은 중추 신경에서 신경 세포가 많이 모인 장소를 말한다. 색이 회백색이다.

병원체	폴리오바이러스
감염 경로	주로 접촉 감염
잠복 기간	6~14일
주요 서식지	감염된 사람의 장관 내·척수·연수
증상	대부분 무증상. 척수에 감염되며 발병하면 주로 허리에서 다리까지 마비 증상이 나타난다. 연수에 감염되기도 한다.

사실 이 무증상 감염자가 많다는 점이 문제다. 감염 여부를 깨닫지 못한 채로 바이러스를 퍼뜨리게 되기 때문이다.[2]

백신 접종으로 급격히 감소

일본에서는 1960년 폴리오가 유행하면서, 그 이듬해부터 집단 접종을 시작했다. 이리하여 1,300만 명의 아이들에게 약독화한 폴리오바이러스 생백신을 투여했다.[3]

생백신 집단 접종이 효과를 보임으로써, 일본 정부는 2000년 폴리오가 종식되었다고 선언했다.

그러나 야생종 폴리오바이러스에 감염된 환자는 나오지 않았지만, 매우 드물게 백신에서 유래한 것으로 보이는 폴리오 환자가 발생했다. 이는 생백신을 맞은 아이의 장관에서 배출된 폴리오바이러스에 의한 2차 감염을 의미한다. 이 사태를 심각하게 여긴 정부는 2012년

---

2 실제로 세계 각지에서 몇 차례 폴리오바이러스가 퍼졌고, 오늘날에도 유행하는 국가가 많다. 일본에서도 1960년에 대규모로 유행하여 5,000명이 넘는 환자가 발생했다.

3 시럽처럼 마시게 하는 방식으로 투여되어 장관에서 증식한 바이러스가 그 사람의 면역 체계에 작용하여 항체를 만든다.

부터 접종을 사백신(불활성화 백신)으로 교체했다.[4]

한국을 비롯한 다른 나라에서는 일본보다 10여 년이나 일찍 생백신보다 안전한 사백신을 접종했다. 일본에서 사백신 도입이 늦어진 이유는 생백신을 고집한 정부 때문이었다. 살아 있는 바이러스를 마시게 하는 생백신의 위험성을 제대로 검토하지 않고 접종을 반복한 일본 정부의 책임은 절대 가볍지 않다.

---

4 사백신은 바이러스를 죽여서 활성을 없앤 다음 면역에 필요한 성분만을 뽑아 만든 백신이다. 접종자에게는 폴리오바이러스가 검출되지 않는다.

일본뇌염

지금도 여전히 아시아를 중심으로 연간 수만 명의 환자가 발생하는 일본뇌염. 일본뇌염이란 병명은 일본에서 처음으로 알려졌고 일본에서 가장 많이 연구되기 때문에 붙은 이름이다.

증폭 동물은 돼지

일본에서 **일본뇌염바이러스**[1]는 작은빨간집모기가 매개하며, 바이러스는 사람 대 사람으로는 감염되지 않는다. 일본뇌염바이러스는 돼지의 몸속에서 증식하므로, 일본뇌염바이러스의 증폭 숙주는 돼지가된다. 바이러스에 감염된 돼지의 피를 모기가 빨아 먹고, 이 모기가또다시 사람을 물어서 감염된다. 그래서 일본에서는 돼지를 많이 사육하는 관동 지방에서 서쪽 지방에 걸쳐 일본뇌염이 많이 발병한다.

돼지는 성장 기간이 짧아서 감수성 높은 개체, 즉 바이러스에 쉽게 감염되는 개체가 많이 공급된다. 또 돼지는 혈중에 나타나는 바이러스 양이 많으므로, 바이러스의 증폭 숙주로 가장 적합하다.

최근에는 일본뇌염바이러스가 베트남이나 중국 윈난 지방 등 외부에서 날아오며(철새나 편서풍이 운반하는 바이러스를 보유한 모기), 바이러스가 겨울을 지나 독립적으로 변이한다는 사실이 밝혀졌다.

---

1 플라비바이러스(양성 단일 가닥 RNA바이러스)의 사촌.

병원체	일본뇌염바이러스
감염 경로	작은빨간집모기 등이 매개
잠복 기간	1~2주
주요 발생지	일본 및 아시아, 극동 러시아, 오세아니아
증상	두통, 발열, 식욕 부진, 복통, 설사, 의식 혼탁, 경련, 마비, 운동 이상(근육이 굳고 뻣뻣해짐, 몸이 마음대로 움직임, 떨림, 병적 반사) 등

발병 확률은 낮지만

우리 몸속에서는 혈중에 나타나는 바이러스 양이 극히 적은 탓에 사람 대 사람으로 전염되지는 않는다.

일본뇌염은 한번 걸리면 의식 불명이나 경련 등 뇌세포가 손상되었을 때 발생하는 증상이 나타나며 종종 죽음에 이르기도 한다. 그러나 이 바이러스에 감염되어 뇌염을 앓게 될 확률은 약 300~3,000명 중 1명꼴로 낮다. 다만, 일본뇌염은 바이러스가 이미 뇌 속에 도달해 뇌세포를 망가뜨린 후에야 증상이 나타나므로, 완치되더라도 뇌세포는 좀처럼 회복되지 않는다.

예방이 중요

일본뇌염에 걸려 목숨을 잃거나 심각한 후유증을 겪는 사람도 많지만, 일본에서는 백신 접종을 통해 일본뇌염 예방에 힘쓰고 있다.

1954년 일본에서 개발한 백신은 일본뇌염 예방에 효과적이었는데도 부작용이 우려된다는 이유로 사용이 중단되었다. 그러나 현재에는 제2세대 백신이 보급되면서 감염자가 줄고 있다.

55

웨스트나일열

웨스트나일열을 일으키는 웨스트나일바이러스는 아프리카, 중동, 유럽에 퍼져 있는 바이러스다. 먼저 새가 감염되고 그 새를 흡혈한 모기에게 물려서 감염된다.

웨스트나일열의 분포

웨스트나일열은 아프리카, 유럽, 중동 지역 등 넓은 범위에서 유행한다.

북아메리카 대륙은 유행 지역이 아니었지만, 1999년에 뉴욕에서 처음으로 발견되었고 2002년에는 35개 주로 유행 지역이 늘어났다.[1]

증상

감염된 지 보통 2~6일 만에 39℃가 넘는 고열이 나고, 머리, 목, 등, 근육, 관절에 통증이 생긴다. 발진, 림프샘 부종, 복통, 구토, 결막염 등이 나타나기도 한다. 이 증상들은 대개 1주일쯤 후에 사라진다.

발병한 사람의 3~3.5%는 중증화하여 두통, 고열, 방향 감각 상실, 마비, 혼수, 떨림 등 신경계 관련 증상이 나타난다. 중증 환자는 대부분 고령자로 치사율은 중증 환자의 3~15%라고 한다.

---

1 2,677명의 환자가 보고되었고, 이 중 137명이 사망했다.

병원체	웨스트나일바이러스
감염 경로	새를 거쳐 모기가 매개
잠복 기간	2~6일
주요 매개체	야생 조류를 흡혈한 모기
증상	발열, 두통, 근육통, 관절통

웨스트나일열 예방법

현재 웨스트나일열을 예방하는 백신은 없으므로, 모기에게 물리지 않게 조심하는 것이 최선의 예방법이다. 유행 지역에서는 되도록 피부를 덮고, 옷 위에 벌레 기피제를 뿌리는 방법도 효과적이다. 피부가 노출된 부분에는 꼭 벌레 기피제를 뿌리자.

또 모기는 고인 물에 알을 낳는 습성이 있으므로, 양동이나 페트병에 물을 담아두지 않고 빈 깡통에 든 물은 바로 버리는 것이 좋다.

새와 모기를 통해 퍼진다

웨스트나일바이러스의 자연 숙주는 새다. 또 집모기를 비롯해 일본에 서식하는 모기도 웨스트나일바이러스의 매개체가 된다. 미국에서도 까마귀나 참새 등 야생 조류에 감염한다는 사실이 확인되었으므로, 만약 국내에 들어오면 새를 매개체로 바이러스가 널리 퍼질 가능성이 높다.[2]

---

2 새가 웨스트나일바이러스에 감염되어 죽기도 한다. 웨스트나일바이러스에 약한 희귀종은 멸종 위기에 몰릴 수도 있다.

56

광견병

개가 미친 것처럼 공격적으로 변하는 광견병은 사람을 포함한 모든 포유류가 감염될 뿐 아니라 치료법도 없어서, 발병하면 거의 확실하게 사망하는 무서운 감염병이다.

세계 각지에서 감염되는 광견병

치사율이 거의 100%인 감염병으로, 지금도 해마다 전 세계에서 5만 명 이상이 광견병으로 사망한다. 일본에서는 광견병 환자가 나온 적이 없지만, 해외에서 감염된 사람이 산발적으로 발생하고 있다.

일본에서는 1950년부터 개의 광견병 접종이 의무화된 덕분에, 1956년 이후 광견병 환자가 보고되지 않았다. 일본처럼 광견병 봉쇄에 성공한 나라는 영국, 스웨덴, 오스트레일리아 등의 일부 국가로 한정되며, 유럽과 미국을 포함한 전 세계에서 감염자가 나온다. 여우, 라쿤, 박쥐 등에 물려서 감염되기도 한다.[1]

광견병이란

광견병의 병원체인 **광견병바이러스**는 감염된 동물의 침 속에 많으므

---

1 한편 한국에서는 사람이 감염된 경우 공수병, 동물이 감염된 경우 광견병으로 지칭한다. 공수병은 물 마시는 것을 피하는 증상에서 유래한 이름이다. 공수병은 현재 제3급 법정감염병으로, 광견병은 제2종 법정가축전염병으로 지정되어 있으며, 한국에서는 2005년부터 환자가 보고되지 않았다.

병원체	광견병바이러스
감염 경로	개나 박쥐 등에 물려서 몸속으로 침입
잠복 기간	1~2개월(수년 후에 발병한 예도 있다.)
주요 발생지	세계 각지(일본, 영국, 스웨덴, 아이슬란드, 오스트레일리아, 뉴질랜드 제외)
증상	중추 신경 장애, 침을 많이 흘림, 경련, 호흡 정지

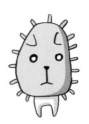

로, 감염된 동물에게 물리면 상처를 통해 몸속으로 들어간다.

잠복기는 1~2개월 정도이며, 발열, 두통, 피로감 등 감기와 비슷한 증상에서 시작되어 물린 부위에 통증과 감각 이상이 느껴진다. 얼마 안 가 환각과 착란이 일어나고 침샘이 비대해져 침과 물을 삼키지 못하게 된다. 더욱이 경련이 일어나 허리가 활처럼 뒤로 휘는 증상이 나타나며, 결국 혼수상태에서 호흡 정지로 사망한다. 아직 치료법이 확립되지 않아 예전에는 발병하면 100% 사망하는 감염병이었다.[2]

개를 비롯한 동물에게도 사람과 비슷한 증상이 나타난다. 성격이 변하고 이상 행동을 보이며, 머지않아 침을 흘리면서 미친 듯이 함부로 물고 늘어지는 발광 상태가 된다. 이후 온몸이 마비되고 혼수상태에 빠져 죽는다.[3]

예방과 치료

국내에서는 크게 걱정하지 않아도 되지만, 해외에 나갈 때는 주의해

---

2 최근에는 효과적인 치료법이 개발되고 있다.

3 소와 같은 동물은 광견 상태가 되지 않고, 줄곧 마비 상태를 보인다.

야 한다. 개를 비롯한 야생동물에 다가가는 행동은 삼가자.

만일 개, 고양이, 여우, 박쥐와 같은 야생동물에게 물렸다면, 바로 상처 입구를 세척하고 의사의 진찰을 받는 동시에, 반드시 검역소에 연락하여 발병을 예방해주는 광견병 백신을 접종받아야 한다.

57

황열

황열은 한국과 일본을 비롯한 아시아 지역에서는 발생하지 않지만, 여전히 아프리카와 중남미의 열대 지방에서 유행하는 바이러스성 질환이다.

유일한 치료법은 대증 요법

대부분의 사람은 **황열바이러스**에 감염되어도 증상이 나타나지 않는다. 3~6일의 잠복기 후, 일부 감염자에게 갑작스러운 발열, 두통, 근육통, 구역감, 구토 증상이 나타난다. 일부는 3~4일 후부터 증상이 호전되다가 저절로 낫는다.

중증화하면 여러 장기에 출혈이 생기고 황달, 신부전을 일으킨다. 이때는 특별한 치료법이 없으므로 증상을 누그러뜨리기 위한 대증 요법으로 치료한다. 참고로 황열이란 병명은 중증화했을 때 황달이 나타나는 데서 유래한 이름이다.

두 가지 감염 사이클

황열은 황열바이러스를 보유한 모기(사람의 경우 숲모기)에게 물려서 감염된다. 사람과 모기 사이의 감염 사이클(도시형 황열)과 원숭이와 모기 사이의 감염 사이클(삼림형 황열)이 있으며, 사람이 숲속에 들어갈 때도 황열바이러스에 감염될 위험이 있다. 최근에는 아프리카 사

병원체	황열바이러스
감염 경로	원숭이, 사람, 모기(숲모기)
잠복 기간	3~6일
주요 서식지	아프리카, 중남미의 열대 지방을 중심으로 한 북위 15도에서 남위 10도 사이의 지역
증상	발열, 두통, 등 통증, 허탈, 구역감, 구토, 느린맥, 신장 장애, 출혈 경향, 황달

바나의 농촌 지역에서 사람과 원숭이 양쪽을 흡혈한 모기가 매개하는 황열(중간형 황열)도 발생했다. 또 사람과 사람 사이에서는 직접 접촉해도 감염되지 않는다고 추정된다.

효과적인 백신

황열의 치사율은 5~50%이다. 치사율은 높지만 회복되면 죽을 때까지 면역이 유지된다. 가장 효과적인 예방법은 모기에 물리지 않게 조심하고 백신을 접종받는 것이다. 황열 백신은 생백신이므로 접종 후 28일간은 다른 생백신을 접종받아서는 안된다.

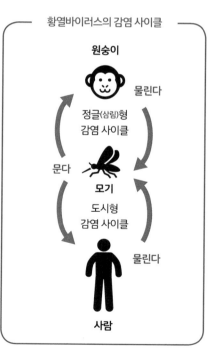

황열바이러스의 감염 사이클

원숭이

물린다

정글(삼림)형 감염 사이클

문다

모기

도시형 감염 사이클

물린다

사람

황열과 노구치 히데요 박사의 관계

일본의 1,000엔권 지폐에 등장하는 인물이자 일본에서는 황열병 연구로 유명한 세균학자 노구치 히데요 박사는, 안타깝게도 황열을 한창 연구하던 중 황열에 걸려 사망했다.

당시에 이미 록펠러 연구소에 소속되어 매독 연구 등을 통해 세계적으로 유명해진 노구치 박사는 아프리카와 중남미에서 유행하던 황열병을 뿌리 뽑기 위해 현지로 떠난다. 황열과 비슷한 증상을 보이는 세균성 질병에 대한 백신을 만들었지만, 아프리카에서는 효과가 없다는 말을 듣고, 주위의 반대를 무릅쓰고 아프리카로 향한 것이다. 훗날 노구치가 발견한 균은 사실 황열과 증상이 아주 비슷한 바일병의 병원체(스피로헤타에 속하는 세균)였다는 사실이 밝혀진다. 노구치 박사는 아프리카에서 연구하던 중 만 51세의 나이로 세상을 떠났다. 노구치 박사가 사망한 후 그의 혈액을 원숭이에게 접종한 결과 황열이 발병했으므로 사인은 황열로 확인되었다.[1]

황열은 세계사에도 적지 않은 영향을 끼쳤다. 파나마운하 건설 공사가 1880년에 시작되었는데도 완성되기까지 30년 이상 걸린 이유, 그리고 미합중국이 독립할 당시 필라델피아가 중심이었는데도 수도를 워싱턴으로 정한 이유는 모두 황열 때문이다.

---

1 노구치 박사의 마지막 말은 "나로서는 알 수 없다"였다고 한다. 당시의 현미경은 바이러스를 찾아낼 만큼 성능이 좋지 않았다.

58

조류인플루엔자

A형인플루엔자바이러스는 조류에 감염되지만, 우리는 닭고기를 먹어도 바이러스에 감염되지 않는다. 사람에게 감염된 적이 있는 인플루엔자는 고병원성 조류인플루엔자라고 한다.

기침하면 콧물이 나오는 새

조류인플루엔자는 야생 조류나 가금류(닭, 오리, 타조, 칠면조 등)가 쉽게 걸리는 감염병이다. 새들 사이에서 전염력이 상당히 높으므로, 조류나 병원체로 오염된 배설물, 사료, 먼지, 물, 파리, 사육 도구, 자동차 등과 접촉한 야생 조류 또는 사람을 매개로 감염된다. 감염된 새 중에는 아무런 증상 없이 죽는 새도 많다.

닭에 나타나는 증상을 살펴보면, 기력이 떨어지고 식욕이 줄며 산란율이 낮아진다. 또 얼굴이 붓고 볏과 다리 색이 보라색으로 변하며, 콧물, 기침, 설사 등의 증상이 나타난다.

만일 죽은 야생 조류를 발견했을 때는, 꼭 조류인플루엔자가 아니더라도 각종 감염병에 걸릴 수도 있으므로, 맨손으로 만지지 말고 쓰레기봉투에 담아야 한다. 또 비둘기나 까마귀가 다섯 마리 이상 같은 장소에 죽어 있는 광경을 보았을 때는 방역 당국에 신고하자.

야생 조류나 그 분변 등을 매개로 집에서 키우는 새에게, 그리고 주인에게 감염된 사례도 있으니 조심해야 한다.

병원체	A형인플루엔자바이러스
감염 경로	비말 감염, 접촉 감염, 공기 감염
잠복 기간	1~10일
주요 서식지	동남아시아, 중동, 유럽, 아프리카
증상	(사람의 경우) 호흡기 감염병, 소화기 증상

감염 경로

새들끼리 접촉,
분뇨 등을 매개로 감염

밀접 접촉한 경우 등,
상당히 드물게 감염

고병원성 조류인플루엔자

A형인플루엔자가 새들 사이에서 감염을 반복해 전염력과 독성이 증가한 병원체를 **고병원성**이라고 한다.[1] 한번 크게 유행하면 양계 산업에 미치는 영향이 크고, 닭고기나 달걀을 안정적으로 공급받기가 어려워진다.

고병원성 조류인플루엔자가 발생했다는 사실이 알려지면, 국제적으로도 고병원성 조류인플루엔자 비청정 국가로 취급받아 닭고기 및 달걀 수출이 금지된다. 이렇게 조치하는 이유는 다른 조류가 감염되는 것을 막는 동시에 바이러스 변이, 사람에게 전염되는 상황을 방

---

1 H5N1형 이외에 H7N4형, H7N9형 등의 아종이 있다.

지하기 위해서다. 그러므로 방역 당국은 언제나 고병원성 조류인플루엔자의 유행 정황을 감시하고 있다.[2]

대책

닭을 비롯한 가금류의 감염을 예방하려면 평소 야생 조류가 가까이 다가오지 않도록 망을 설치하고, 관계자 외에는 출입을 제한하며, 물과 사료의 오염을 막아야 한다. 이렇게 하면 닭들을 지키는 것은 물론 사람이 바이러스에 감염되는 사태도 막을 수 있다. 사람이 바이러스에 감염되었을 경우 타미플루 등의 치료 약은 효과가 있지만, 계절성인플루엔자 백신은 조류인플루엔자를 전혀 예방해주지 못한다.

조류인플루엔자바이러스에는 일반 소독약이 효과적이다. 뉴스에서 양계장 주변에 소석회를 골고루 뿌리는 모습을 본 적이 있을 것이다. 소석회를 뿌리면 양계장 구석구석까지 소독이 되고, 발자국을 보고 쥐를 비롯한 작은 동물의 출입 여부도 확인할 수 있다.

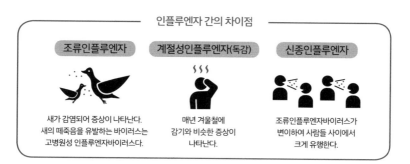

인플루엔자 간의 차이점

조류인플루엔자
새가 감염되어 증상이 나타난다. 새의 떼죽음을 유발하는 바이러스는 고병원성 인플루엔자바이러스다.

계절성인플루엔자(독감)
매년 겨울철에 감기와 비슷한 증상이 나타난다.

신종인플루엔자
조류인플루엔자바이러스가 변이하여 사람들 사이에서 크게 유행한다.

---

2 2003~2020년에 H5N1형만으로도 아시아를 중심으로 전 세계에서 862명이 감염되었고, 그중 455명이 사망했다.

59

에볼라바이러스병

1970년대에 처음으로 발생한 에볼라바이러스병은 치사율이 무려 약 90%에 달하는 감염병이었다. 치료법은 확립되지 않았지만 대증 요법이 발달하면서 치사율이 떨어졌다.

에볼라바이러스병이란

에볼라바이러스병은 **에볼라바이러스**가 일으키는 급성 열성 감염병으로, 흔히 '에볼라출혈열'이라고 한다. 바이러스 유형에 따라서 치사율이 무려 80~90%에 달하는 매우 위험한 감염병이다. 반드시 출혈 증상을 동반하지는 않으므로, 최근 국제적으로 명칭이 변화하고 있다.

에볼라바이러스병의 증상

병원체인 에볼라바이러스의 자연 숙주는 큰박쥐과에 속하는 과일박쥐로 추정된다. 숙주나 감염된 야생동물의 혈액, 체액, 장기 등에 직접 접촉하여 바이러스가 인간 사회로 들어오고, 상처나 점액을 통해 몸속으로 들어가 감염된다. 그리고 감염자의 혈액, 분비액, 체액이나 오염물의 바이러스와 접촉함으로써 바이러스가 퍼져나간다. 간병인이나 의료 종사자가 자신도 모르는 사이에 체액이나 토사물 등에 닿

병원체	에볼라바이러스
감염 경로	감염된 동물이나 감염자의 혈액, 체액, 분비물 등에 닿아서 상처나 점액을 통해 몸속으로 침입
잠복 기간	2~21일
주요 발생지	중앙아프리카
증상	발열, 두통, 구토, 설사, 신장 및 간 기능 장애, 체내·외 출혈 등이 나타나기도 한다.

아 감염자가 늘어나는 것이다.[1]

또 에볼라바이러스는 회복기 남성의 정액 속에서도 장기간 검출되므로, 전염을 막으려면 정액 속 바이러스 검사와 더불어 성관계 등을 자제해야 한다.

잠복기는 2~21일로, 갑작스러운 발열, 강한 탈력감, 두통, 근육통, 인후통 등 인플루엔자와 비슷한 증상이 나타난다. 이후 구토와 설사, 발진이 나타나고 신장과 간 기능에 장애가 생긴다. 체내·외 출혈이 나타나기도 한다.

우리 몸속에 들어온 에볼라바이러스는 먼저 면역 세포를 감염시켜 면역력을 떨어뜨리고 급속히 증식한다. 그러면 바이러스에 감염된 면역 세포의 일종인 대식 세포에서 각종 사이토카인이 대량으로 방출되는 '사이토카인 폭풍'이 일어난다. 그 결과 다발성 장기 부전이 일어나고, 혈액 응고계에 이상이 생긴다. 혈관 세포가 손상되어

---

1 장례식 때 죽은 사람의 몸을 직접 만지는 현지 풍습이 감염을 부추긴 한 가지 이유로 추정된다.

출혈로 사망하는 사람도 많다.

그러나 현재는 대증 요법의 발달로 사망률이 50% 정도로 떨어졌다.

치료와 예방

아직 확립된 치료법은 없다. 따라서 탈수 증상이 있다면 수액이나 비타민제, 영양제를 투여하는 등 대증 요법으로 증상을 완화하고, 환자 본인의 면역력으로 자연 치유되도록 돕는다.

높은 효과가 기대되는 에볼라바이러스 백신이 개발되고는 있지만, 그 효과는 아직 확실히 증명되지 않았다. 유행 지역을 방문할 때는 감염 의심자나 사망자 근처에 가지 말고, 동물을 조심하며 생고기를 먹지 말아야 한다. 물리적 예방 또한 중요하므로 손을 깨끗이 씻고 소독하며 눈을 비비지 말아야 한다.

상당히 위험한 바이러스성 출혈열

에볼라바이러스병은 1976년에 중앙아프리카[2]에서 거의 동시에 발생했다. 콩고에서는 치사율이 88%에 달하는 데다 마스크를 비롯한 의료 기구 또한 부족해서 의료 종사자가 많이 사망했다. 이후에도 때때로 감염자가 나오고 있으며, 특히 2014년부터 2016년까지 서아프리카 지역에서 유행했을 때는 사망자가 1만 명 넘게 나왔다.[3]

----

2 현재 남수단공화국과 콩고민주공화국.
3 최근 몇 년간 중앙아프리카에서도 지역 감염이 잇달아 발생하면서, WHO도 긴급 사태를 선언하는 등 대응을 서두르고 있다.

에볼라바이러스병은 크리미안·콩고 출혈열, 마르부르크출혈열, 라사열과 어깨를 나란히 하는 바이러스성 출혈열 4대 질환이다. 한국은 여기에 남아메리카출혈열, 페스트, 사스, 메르스를 포함한 17개 질환을 제1급 감염병으로 지정했다.[4] 제1급 감염병은 전파력과 병의 위중도 등을 종합했을 때 상당히 위험한 감염병을 가리킨다.

4 한국의 감염증 분류는 「칼럼① 감염병의 분류」 참조.

60

사스 · 메르스

지금까지 코로나바이러스는 '보통 감기(감기증후군)'를 유발하는 바이러스로 알려져 있었다. 그러나 21세기에 들어 악성 변종이 잇달아 등장했다. 그 시작은 사스와 메르스다.

코로나바이러스의 변종

사스(SARS)는 중증급성호흡기증후군의 약칭[1], 메르스(MERS)는 중동 호흡기증후군의 약칭[2]이다.

현재 전 세계를 위협하는 신종 코로나바이러스 감염증까지 포함하면 모두 코로나바이러스가 원인이다. 코로나바이러스는 흔한 감기바이러스 중 하나이며, 주요 감염 경로는 접촉 감염과 비말 감염이다.

중국에서 유행한 사스

2002년 말, 중국 광둥성에서 신종 폐렴이 보고되었다. 세균에 효과적이어야 할 베타락탐계 항생제(페니실린계)를 써도 효과가 없고, 결핵처럼 이미 잘 알려진 폐렴이 아닌 새로운 폐렴을 **비정형 폐렴**이라고 한다.

비정형 폐렴은 대부분 오래가기는 하나 사망률은 그다지 높지 않

---

1 Severe Acute Respiratory Syndrome, 병원체 이름은 SARS-CoV.
2 Middle East Respiratory Syndrome, 병원체 이름은 MERS-CoV.

병원체	사스 코로나바이러스
감염 경로	비말 및 접촉 감염, 분구 감염(그 밖의 경로는 확정되지 않음)
잠복 기간	2~10일(평균 5일)
주요 발생지	인도를 제외한 동아시아(확대기에는 캐나다 등)
증상	인플루엔자와 비슷한 증상(발열, 오한, 근육통), 비정형 폐렴, 기침, 호흡 곤란, 설사

다고 알려져 있었다. 하지만 이 폐렴은 달랐다.

이 병원체는 중국에서 급속히 중증화하는 폐렴을 유발하면서 퍼져나갔다. 초기부터 300명 이상이 감염되었고 이 중 5명이 사망했다. 2003년 2월에는 홍콩의 한 호텔에서, 3월에는 베트남과 홍콩의 의료 기관에서 병원 내 감염이 발생하는 등 유행 지역이 늘어났다.

WHO는 2003년 3월 2일 전 세계에 경보를 내렸고, 3월 15일 이 질환에 사스라는 이름을 붙였다.

사스는 아시아와 캐나다를 중심으로 퍼져나갔으며, 2003년 7월 WHO가 종식을 선언하기까지 8,000명이 넘는 감염자와 700명이 넘는 사망자를 냈다.

사스는 고령자에게 훨씬 치명적이라는 점에서 사람들을 공포에 떨게 했다. 고령자의 치사율은 50% 이상으로 추정되는데, 이는 감염자 전체로 따져도 대략 9.6%에 해당하는 수치이다.

사스는 어디에서 왔나

사스는 인수 공통 감염병, 즉 사람과 동물이 함께 감염되는 병으로 보인다. 박쥐가 보유한 코로나바이러스의 한 종류가 변이를 반복해 사람과 사람 사이에서 감염 능력을 획득함으로써 단숨에 퍼져나갔다는 설이 유력하다.[3]

중동에서 발생한 메르스

사스가 유행한 지 약 10년쯤 지난 2012년 4월, 요르단의 한 병원에서 병원 내 감염으로 보이는 폐렴 환자가 발생했고, 같은 해 6월과 9월에는 사우디아라비아에서도 똑같은 폐렴이 확인됐다. 9월에 발생한 환자는 영국으로 옮겨졌고 영국 건강 보호국이 신종 코로나바이러스를 검출해냈다. 나중에 앞선 두 사례 역시 같은 바이러스였다는 사실이 밝혀졌다. 이 병이 바로 메르스다.

메르스의 전염력은 사스보다 낮았으므로 감염자가 급속히 늘어나는 팬데믹은 일어나지 않으리라고 예측되었다. 실제로 2012년부터

병원체	메르스 코로나바이러스
감염 경로	비말 및 접촉 감염(자세한 경로는 밝혀지지 않음)
잠복 기간	2~14일(평균 5일)
주요 발생지	중동 지역
증상	발열, 오한, 두통, 비정형 폐렴, 기침, 호흡 곤란, 구토, 설사

---

3 오늘날 인류 사회는 수많은 사람이 장거리 이동을 짧은 시간 동안 반복하므로, 전염력이 강하고 독성이 강한 병원체가 단숨에 전 세계에 퍼질 수 있다고 예전부터 지적되어왔다. 사스는 그 위험성을 실제로 증명해냈다. 또 사스 덕분에 수많은 사람을 감염시키는 환자, 즉 '슈퍼 전파자'의 존재가 확인되는 등, 사스가 감염병 연구에 끼친 영향은 매우 크다.

2015년까지의 메르스 유행 시에 확인된 감염자는 1,000명 미만이었다. 그러나 이 중 350명 정도가 사망하면서 치사율은 사스보다 훨씬 높은 **36.7%**를 기록했다.

이 바이러스 역시 인수 공통 감염병으로, 바이러스를 퍼뜨리는 매개체는 단봉낙타로 추정된다.[4]

---

4 병원체의 기원은 정확히 밝혀지지 않았지만, 오만에서 조사한 내용에 따르면 조사 대상인 단봉낙타 50마리 모두에서 바이러스 항체가 검출되었다.

61

신종 코로나바이러스 감염증

신종 코로나바이러스 감염증[1]은 사스를 일으킨 바이러스와 매우 유사한 새로운 코로나바이러스
가 유발하는 감염병이다. 새로운 코로나바이러스의 출현부터 현재까지의 경과를 살펴보자.

신종 코로나바이러스 감염증의 출현

2019년 말, 중국 우한시에서 폐렴 환자가 발생했다는 보고가 나왔
다. 발생 당시에는 사스에 걸린 것처럼 보였던 감염자는 첫 번째 보
도에서는 수십 명이라고 했지만, 실제로는 12월에 100명 이상, 이듬
해 1월 중순에는 5,000명에 달했을 것이라고 추정된다.

일본에서도 2020년 1월 초순부터 이 폐렴이 보도되었으나, 도쿄
올림픽을 앞두고 외국인 관광객 수입을 중시한 일본 정부는 거의 대
책을 세우지 않았다.[2]

유럽 국가들은 3월부터 이탈리아를 시작으로 감염자가 늘자 국경
을 봉쇄하고 입국 금지 명령을 내렸다. 일본은 전국 초중고에 3월 휴
교령을 내렸고, 4월에는 긴급 사태를 선언하며 국민에게 불필요한 외
출과 상업 활동을 자제해달라고 요청했다. 한국 역시 2월에 감염병

---

1 Novel Coronavirus Disease 2019/COVID-19. 병원체의 이름은 SARS-CoV-2.
2 수많은 외국인 관광객이 삿포로시에서 열리는 눈꽃 축제를 보러 홋카이도를 방문했기 때문
에, 일본에서는 맨 처음 홋카이도를 중심으로 바이러스가 퍼져나갔다. 2월 말에는 홋카이도 지사
가 긴급 사태를 선언하고 도민에게 외출을 자제해달라고 요청했다.

병원체	신종 코로나바이러스(SARS-CoV-2: SARS코로나바이러스2)
감염 경로	접촉 감염, 비말 감염 등
잠복 기간	1~14일(평균 5일)
증상	발열, 기침, 근육통, 나른함, 호흡 곤란, 두통, 설사, 후·미각 상실, 폐렴 등

위기 경보가 '심각' 단계로 격상되었으며, 개학은 한 달 이상 미뤄지다 결국 4월에 사상 첫 온라인 개학이 이뤄졌다.

2020년 5월 중순에는 감염자 수가 전 세계에서 500만 명, 사망자 수도 30만 명을 돌파했다. 북반구에 겨울이 찾아오자 감염자 수는 계속해서 증가했고, 2021년 1월에는 전 세계의 감염자 수가 약 9,000만 명, 사망자 수는 200만 명을 넘어섰다.

한국에서는 2020년 2월 1차 유행에 이어, 같은 해 여름의 2차 유행, 2020년 말부터 2021년 2월에 걸친 3차 유행, 2021년 여름부터의 4차 유행 등 점차 그 규모를 키워가며 감염자가 속출했다. 2022년 2월과 7월에는 오미크론 변이가 출현하면서 5차, 6차 유행이 이어졌고, 11월 말 전후로 7차 유행이 이어지다가 규모가 감소했다.

2023년 5월 기준 전 세계에서 약 6억 8,400만 명이 감염되었고, 약 686만 명이 사망했다고 발표되었다. 하지만 통계에 포함되지 않은 인구 또한 많다는 점을 감안하면 확진자는 세계 인구의 20%를 넘었을 것으로 예상한다.

'COVID-19'라는 명칭

지금까지는 병명을 지을 때, 그 질환이 발생한(발생했다고 추정되는) 국가나 발견자의 이름을 따서 지었다. 그러자 종종 이 질환이 발생한 지역이나 국가, 나아가서는 민족을 차별하는 움직임이 있었다. 게다가 이름에 일방적인 이미지가 붙으면 위험을 파악하고 방역 체제를 마련하는 데 걸림돌이 된다는 단점이 지적되면서, 신종 코로나바이러스 감염증의 병명에는 지역명이 붙지 않았다.

신종 코로나바이러스는 사스바이러스와 매우 흡사하며, 박쥐에서 유래했다는 설이 유력하다. 그러나 사람에게 바이러스를 옮기는 중간 숙주는 특정되지 않았다.

또 이른 시기부터 바이러스에 여러 유형이 있다는 사실도 밝혀졌다. 케임브리지대학 연구팀이 2020년 4월에 발표한 보고에 따르면 박쥐가 보유한 코로나바이러스에 가까우며, 초기부터 미국과 오스트레일리아에서 퍼져나간 A형바이러스, A형에서 변이하여 우한시를 중심으로 퍼져나간 B형바이러스, 더 나아가 B형에서 변이하여 유럽에서 퍼져나간 C형바이러스의 세 가지 유형이 있었다고 한다.[3]

바이러스 대책

바이러스는 자신을 복제하기 위한 유전 정보, 그리고 이 유전 정보를 보호하고 세포에 집어넣는 시스템을 가지고 있다.

---

3 초기형으로 보이는 바이러스가 어째서 중국 본토보다 미국과 오스트레일리아에서 먼저 유행했는지, 각각의 아형 사이에서 재감염될 가능성은 없는지, 의문점이 매우 많다.

바이러스에는 유전 정보를 보호하는 캡시드가 있지만, 코로나바이러스처럼 세포에 달라붙거나 자신을 세포에 집어넣기 위한 엔벌로프를 외부에 걸친 바이러스도 있다. 각각의 성질에 따라서 치료 약과 백신, 대처 방법이 다르다.[4]

코로나바이러스는 유전 물질이 단일 가닥으로 이루어진 단일 가닥 RNA 유형이므로, 변이가 쉽게 일어나 곧바로 새로운 유형이 생긴다. 변이 바이러스 중에는 훨씬 쉽게 감염되는 바이러스, 아예 검출되지 않는 바이러스도 있다. 뉴스 등에서는 변이 바이러스가 발생한 주요 국가명에 '변이'를 붙여서 영국 변이, 인도 변이 등으로 부르기도 하는데, 정식 명칭을 쓰도록 하자.

델타 변이나 감마 변이 등 감염성이 훨씬 강한 변이 바이러스가 잇달아 출현하고 있으므로, 감염을 예방해주는 최후의 보루인 백신도 바이러스 감염을 완전히 막지는 못할 것이라고 우려하는 목소리가 있다. 밀접 접촉을 피하고 마스크 착용과 손 씻기를 철저히 하는 등, 기본적인 예방법을 잘 지키자.

마스크 착용, 손 씻기, 소독이 기본

코로나바이러스는 엔벌로프가 있는 바이러스다. 따라서 엔벌로프가 없는 노로바이러스나 로타바이러스와 비교했을 때 소독 등으로 손쉽게 죽일 수 있다.

4　한 예로 코로나바이러스와 인플루엔자바이러스는 증식 원리가 다르므로, 인플루엔자 약인 뉴라미니다아제(NA) 억제제는 사용할 수 없다.

	최초 발견국 (시기)	주요 변이	전염력 (여태까지와 비교)	백신 효과
알파 변이	영국 (2020년 9월)	N501Y	1.3~1.7배	방어 효과는 유지
베타 변이	남아프리카 (2020년 5월)	N501Y, E484K	1.5배 정도	방어 효과가 약해질 가능성
감마 변이	브라질 (2020년 11월)	N501Y, E484K	1.4~2.2배 (불확실)	방어 효과가 약해질 가능성
델타 변이	인도 (2020년 10월)	L452R	2배 이상 (알파 변이의 약 1.5배)	방어 효과가 약해질 가능성

WHO, 일본 국립 감염증 연구소 등의 자료를 토대로 작성

소독용 알코올과 계면 활성제(비누 등)에 약하므로, 손에 묻은 바이러스는 비누로 씻어낸 다음 소독용 알코올로 소독하자. 그래도 바이러스가 묻은 손으로 눈이나 입, 코를 만지면 점막을 통해 감염될 수 있으니, 절대 더러운 손으로 얼굴을 만져서는 안 된다.

반면 새로 산 물건은 굳이 알코올로 닦지 않아도 되며, 사람 손이 닿은 부분도 하루에 한 번 소독하면 충분하다. 감염 확산기에는 알코올 같은 자원을 절약하는 일도 중요하다. 따라서 단지 불안을 해소하기 위한 대책은 자제하자.

감염 대책의 핵심은 **비말의 확산을 막는 데 있으므로**, 마스크 착용과 사회적 거리 확보, 환기가 효과적이다.[5]

또 자신이 무증상 감염자일 가능성을 항상 염두에 두고 비말이 쉽게 퍼지는 우레탄 마스크나 마우스 가드가 아닌, 부직포로 된 서지컬 마스크를 쓰도록 하자.

검사

신종 코로나바이러스 감염증은 사스와 달리 잠복 기간이 긴 데다가 무증상 감염자도 상당히 많아서 대처하기 까다로운 병이다.

현재 한국에서는 의심 증상이 있는 경우 의료 기관을 방문하여 **신속 항원 검사(RAT)**를 받을 수 있다. 또 누구나 약국에서 개인용 신속 항원 검사 키트를 구매해 사용할 수 있다. 감염 시 중증화될 가능성이 높은 고위험군, 또는 의사의 소견에 따라 정확한 검사가 필요한 자 등 국가에서 지정한 우선순위 대상자는 **PCR 검사**를 받을 수 있다.

일부 키트는 정확성을 보장해주지 않으며 신뢰성 있는 제품을 선택하기도 매우 어렵다.[6]

또 변이 바이러스에 따라서는 나타나는 증상과 검출될 확률이 변화하기도 한다. 예를 들어 델타 변이의 경우 재채기, 콧물 같은 증상

---

5 마스크를 잘못 착용하면 아무런 의미가 없다. 코가 보이는 '턱 마스크'는 아닌지, 사용한 마스크를 방치하거나 만지지는 않았는지, 기본 사항에 주의하자.

6 신속 항원 검사 키트의 결과만을 무조건 믿어서는 안 된다(특히 바이러스를 퍼뜨리는 행위를 정당화하기 위해 이용해서는 안 된다). 또 열이 날 때는 코로나 대면 진료 클리닉이나 평소 다니는 병원에 가서 진찰받는 등, 상식적으로 대응하는 것이 바람직하다.

	PCR 검사	신속 항원 검사	항체 검사
검사 목적	현재 감염되었는가		과거에 감염된 적이 있는가
검체	코 안쪽 점막 등		혈액
판정 시간	약 4~6시간	약 15~30분	대부분 20분 이내
정확도	높다	PCR보다 낮다	키트마다 다르다

PCR 검사, 신속 항원 검사, 항체 검사의 차이

이 증가한다는 점, 체내 바이러스 양이 알파 변이의 100배 이상일 가능성 등이 지적되었다.

mRNA 백신

신종 코로나바이러스 감염증을 막기 위해 개발된 mRNA 백신은 중 증화를 방지할 뿐만 아니라 감염 자체를 막는 효과도 커서, 전체 인 구의 60~90%가 백신을 맞으면 감염을 예방할 수 있다고 한다. 부작 용도 며칠 동안 통증을 느끼거나 열이 나는 정도로, 처음에 우려했 던 아나필락시스 쇼크, 혈전증 같은 심각한 부작용은 적은 듯하다.

부작용

가장 많다	접종 부위 통증	나른함	두통	근육통

※ 대부분 3일 이내에 회복

**이럴 때는
의료 기관에서 진료를**

• 접종 후 2일 이상 지났는데
도 열이 떨어지지 않는다
• 증상이 심하다

아나필락시스(심각한 알레르기 반응)

피부 증상	호흡기 증상	순환기 증상	소화기 증상

두드러기 등	호흡 곤란 등	혈압 저하 등	복통·구토 등

2가지 이상의 증상으로 진단

※ 아나필락시스가 나타날 확률은 지극히 낮다.
90%는 접종 후 30분 이내에 발생한다.

**아나필락시스는
치료할 수 있다**

• 아드레날린 근육 주사
• 산소 투여
• 안정을 취한다

→ 치료하면 회복되고 후유증은 남지 않는다

기저질환 등의 이유로 접종받지 못하는 사람을 사회적으로 보호하기 위해서라도 최대한 빨리 백신을 접종받도록 하자.

제 7 장

세계를 위협해온
세균·원충·기타 감염병

62

페스트

페스트는 페스트균에 감염되어 발병하는 급성 열성 감염병이다. 감염되면 피부에 검은색 반점에 나타나고 죽음에 이르렀으므로 '흑사병(Black Death)'이라고 불렸다. 중세 시대 전 세계를 공포에 몰아넣었던 페스트는 현재 세 번째 팬데믹이 진행 중이다.

피부가 까맣게 변하는 페스트

페스트는 보통 쥐나 벼룩에 물려서 감염된다. 페스트균에 감염되면 고열과 콧물이 나는 등 독감과 비슷한 증상이 나타난다. 그리고 림프샘이 부어오르고 피부 곳곳에 내출혈이 일어난다. 출혈 부위는 맨 처음 장밋빛이었다가 점차 까맣게 변한다. 손발은 괴사하고 호흡조차 마음대로 되지 않는다.

이처럼 발병했을 때 피부가 까맣게 변하므로 페스트를 **흑사병**이라고도 한다. 아무런 치료도 하지 않고 내버려두면 치사율이 60~90%로 상당히 높다는 점이 페스트의 특징이다.

페스트에는 세 가지 유형이 있다. 벼룩에게 물려서 페스트균이 몸에 들어가는 **가래톳페스트**(선페스트, 림프샘페스트), 페스트균이 폐에 감염되거나 가래톳페스트가 폐로 전이되어 발병하는 **폐페스트**, 페스트균이 혈액을 돌아 온몸으로 퍼지는 **패혈증페스트**다.

병원체	페스트균
감염 경로	쥐를 비롯한 설치류를 숙주로 하며, 벼룩에 의해 퍼져나간다. 사람 대 사람으로 비말 감염되며, 드물게 감염자나 동물의 사체, 또는 감염 조직과 접촉하여 감염되기도 한다.
잠복 기간	3~7일
주요 발생지	아시아, 아프리카, 아메리카
증상	가래톳페스트는 림프샘 부종, 의식 혼탁, 심장 부종 폐페스트는 발열, 설사, 폐렴 패혈증페스트는 패혈증, 혼수, 괴사

차이와 특징

가래톳페스트에 걸리면 1~7일의 잠복기 후에 갑작스럽게 고열, 오한, 두통, 통증 등을 동반하는 림프샘 부종이 나타난다. 부종은 통증이 있는 가래톳(멍울)으로, 주로 넓적다리 안쪽 사타구니에 나타난다. 대부분의 페스트 환자에게 가래톳페스트 증상이 나타난다. 몸에 들어간 페스트균은 림프샘에서 증식해 다른 곳으로 이동하기도 한다.

가장 위험한 유형은 폐페스트다. 균이 폐 깊숙이 들어가 폐렴을 일으킨다. 허파꽈리가 망가지면 페스트균이 포함된 기도 분비액(혈담 등)을 배출하게 되므로, 주변 사람도 감염된다. 만일 폐페스트에 걸렸다면 최대한 빨리 항생제를 맞아야 한다. 항생제를 맞지 않으면 손을 쓸 수 없게 되어 짧으면 반나절 만에 죽음에 이른다.

패혈증페스트는 전신성 질환이므로, 걸리면 발열, 오한, 복통, 출혈 경향이 나타나고, 손끝과 발끝, 코의 피부에 출혈 반점이 생긴다. 증상이 패혈증으로까지 진행되었는데도 치료하지 않으면 치사율은 거의 100%에 수렴한다.

참고로 오늘날에는 치료법이 확립되면서 치사율은 82%로 떨어졌다. 스트렙토마이신, 독시사이클린, 레보플록사신 등의 항생제를 사용한다. 페니실린은 효과가 없다.

541~750년, 제1회 팬데믹

페스트는 지금까지 세 번의 세계적 대유행(팬데믹)을 일으켰다.

6세기, 동로마제국을 중심으로 일어난 제1회 팬데믹은 이집트 북동부 항구 포트사이드와 가까운 펠루시움에서 지중해에 걸쳐 약 200년간 계속되었고, 유럽 북서부까지 확대되었다.

프로코피우스[1]의 관찰 기록에 따르면 사타구니, 겨드랑이 밑, 즉 림프샘이 크게 붓는 가래톳페스트였던 듯하다. 542년에는 감염 지역이 동로마제국의 수도 콘스탄티노플까지 확대되었다.『로마법대전』으로 유명한 유스티니아누스 1세의 영토 확대와 함께 페스트가 퍼져, 로마 제국의 쇠락에도 영향을 끼쳤다.[2]

1331~1855년, 제2회 팬데믹

1331년에 중국 허베이성에서 시작된 유행은 교역 루트를 타고 중앙아시아에서 지중해, 유럽에 페스트를 퍼뜨렸다. 아시아와 유럽을 잇는 비단길에서는 튀르키예인이 크게 활약했으므로, 튀르키예인의 별

----

1 6세기 동로마제국의 역사가이자 정치인.
2 이와 같은 사정으로 '유스티니아누스의 페스트'라고도 한다.

칭 타타르인에서 따와 '타타르 페스트'라고 불렸다. 페스트균이 무려 총길이 7,000km나 되는 거리를 퍼져나갔다는 사실이 매우 놀랍다. 페스트가 쥐, 벼룩, 사람을 통해 전염되는 병이기 때문에 가능하지 않았을까.

중세는 마녀사냥이라 불린 종교 재판과 더불어 페스트로 많은 사망자가 발생했으므로 **암흑시대**라고 불린다.

암흑시대에 페스트는 유럽 인구의 3분의 1에 해당하는 2,500만 명의 목숨을 앗아갔다고 추정된다.[3] 특히 영국에서는 1348년부터 3년간 국민의 거의 절반이 사망했고, 인구 감소는 100년 가까이 계속되었다. 또 당시 전 세계 인구 약 4억 5,000만 명 중에 1억 명이 사망했다고 한다.

1894년~현재, 제3회 팬데믹

세 번째 페스트 대유행은 1894년, 당시 영국의 통치를 받고 있던 홍콩에서 발생했다. 홍콩은 무역항이었으므로, 짐에 섞여 배에 들어온 쥐로 인해 페스트는 순식간에 전 세계로 퍼져나갔다.

일본 정부는 즉시 미생물학자 기타자토 시바사부로와 의학박사 아오야마 다네미치 등 총 6명의 페스트 조사단을 홍콩에 파견했다(이 중 2명이 감염). 그들은 케네디타운병원이라는 전염병 전문 병원의 한 방에서 페스트를 조사했다. 아오야마가 페스트로 죽은 환자를 해부

---

3 미국의 질병통제예방센터에서는 5,000만 명이라고 한다.

하고 기타자토가 병리 표본을 관찰했다. 기타자토는 페스트 증상이 탄저병과 비슷하다는 점에서 혈액 속에 병원균이 있다고 추측했고, 도착 후 겨우 이틀 뒤인 1894년 6월 14일에 가래톳페스트의 원인균을 찾아냈다.[4]

페스트는 오늘날에도 사라지지 않아서, 해마다 전 세계에서 2,000여 명의 감염자가 발생하고 있다.

---

4 같은 시기에 프랑스 정부가 홍콩에 파견한 파스퇴르연구소의 세균학자 알렉상드르 예르생도 6월 20일에 페스트의 원인균을 발견했다. 페스트균의 학명 'Yersinia pestis'는 예르생의 이름에서 비롯되었다.

63

결핵

결핵은 전 세계에서 HIV 다음으로 사망자가 많은 감염병이다. 2017년에 1,000만 명이 결핵으로 확진되었고, 160만 명이 사망했다. 오늘날에도 180개가 넘는 국가에서 환자가 발생한다.

소리 없이 다가오는 결핵

결핵균이 폐에 들어와 증식하면 가벼운 폐렴에 걸리지만, 가벼운 감기 같은 증상만 나타나다가 좋아진다. 결핵에 걸려도 반드시 증상이 나타나지는 않는다. 건강하다면 균을 들이마셔도 면역 체계가 이 결핵균을 제압한다.

그렇다고 해서 결핵균이 사라진 것은 아니다. 결핵균은 이후로 **수개월에서 수년간 잠복하고 있다가 체력이 떨어졌을 때 '겨울잠'에서 깨어나 단숨에 습격한다.** 폐를 괴사시키고, 뼈, 관절, 뇌를 비롯한 각종 장기를 파괴한다. 천천히 진행되지만 무서운 병이다.

결핵의 특징은 감염 사실을 알아차리기 어렵다는 점이다. 2주 이상 감기 증상이 계속되거나 감기 증상이 좋아지고 나빠지고를 반복하거나 기침이 1주일 이상 오래가는 듯하다면 감염을 의심한다. 특히 가래에 피가 섞여 나온다면 병원에 가서 진찰받고, 흉부 엑스레이를 찍어봐야 한다. 늦게 발견하면 주변 사람에게 균을 퍼뜨릴 가능성이 커진다.

병원체	결핵균
감염 경로	공기 감염, 비말핵 감염
잠복 기간	수개월~2년
주요 서식지	사람이나 동물(소 등의 가축)
증상	장기간 계속되는 기침, 감기 증상

새롭고도 오래된 결핵

결핵은 한국에서 제2급 감염병으로 지정되어 있으므로, 의사는 결핵 환자라고 진단한 경우 즉시 보건소에 신고해야 한다.

일본의 경우 2019년 등록된 결핵 환자가 가장 많은 지역은 도쿄로, 환자 수는 1,810명이었다. 다음은 오사카로 1,619명이었다. 그런데 감기 증상만으로는 결핵을 의심하지 않는 사람이 많아서, 약 40%는 뒤늦게 진단받는다고 한다. 안타깝지만 결핵은 오늘날에도 치료 성공률이 65%밖에 되지 않고, 사망률 또한 22%나 된다.

결핵은 리팜피신, 아이소니아지드와 같은 항균제를 반년 이상 복용해 치료하는데, 복용을 게을리하면 다제내성균이 생겨서 사실상 치료하기가 불가능해진다.

일본의 결핵 발병률은 미국보다 4배나 많으므로, 후생노동성은 '결핵은 과거의 병이 아니다'라는 구호를 내걸고 주의를 환기하고 있다. 젊은 층에서는 오래가는 기침을 단순한 감기라고 생각한 탓에 발견이 늦어져 집단 감염을 일으키는 사례가 늘고 있다.

최근에는 결핵과 HIV의 이중 감염, 신종 코로나바이러스 감염증과

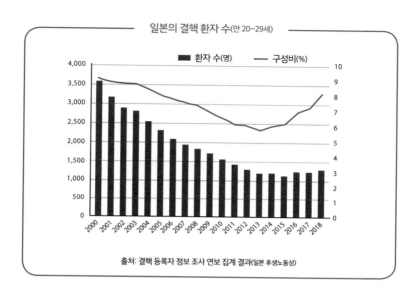

일본의 결핵 환자 수(만 20~29세)

출처: 결핵 등록자 정보 조사 연보 집계 결과(일본 후생노동성)

의 삼중 감염이 우려된다.

BCG와 투베르쿨린

한국에서는 결핵 예방을 위해 생후 4주 이내에 BCG 백신을 접종받아야 한다. BCG란 칼멧-게린 균(Bacilli Calmette-Guerin)의 줄임말로, 칼멧과 게린은 백신을 개발한 파스퇴르연구소의 연구자다. 이 균은 소 결핵균을 약독화한 생백신으로, 효과는 10~15년 지속된다. 생후 3개월부터는 투베르쿨린 반응 검사 후 접종하며, 생후 59개월 이하까지는 무료로 접종할 수 있다. BCG 백신을 맞으면 위팔 바깥쪽에 주사위 눈금 같은 9개의 점이 자국으로 남는다.

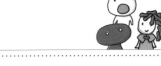

64

말라리아

말라리아는 말라리아원충에 감염된 암컷 학질모기에게 물려 감염되며, 아프리카를 중심으로 지금도 감염자 및 사망자가 다수 발생한다. 모기는 '인간을 가장 많이 죽인 생물', '인간이 가장 두려워하는 생물'이다.

모기가 매개하는 감염병으로 사망자 최다

말라리아는 병원체인 **말라리아원충**이 학질모기를 매개로 몸속에 침입하여 감염된다.[1]

WHO에 따르면 2018년의 전 세계 말라리아 환자 수는 무려 2억 2,800만여 명에 달했고, 대략 40만 5,000명이 사망했다. 사망자는 대부분 만 5세 미만의 어린아이다. 아프리카 대륙을 중심으로 남아메리카와 아시아의 열대 지방에서 널리 유행한다.

가장 무서운 말라리아는 열대열 말라리아

사람에게 감염하는 말라리아원충은 열대열 말라리아, 삼일열 말라리아, 사일열 말라리아, 난형 말라리아다. 4종 모두 전형적인 감염 증상은 오한이나 떨림을 동반한 고열, 두통, 설사, 복통, 호흡기 장애로, 평균 10~15일의 잠복기 후에 나타난다.

---

1   몸에 들어온 말라리아원충은 간으로 이동하고 간세포 내에서 증식하여 간세포를 파괴한다. 또 적혈구에 기생하여 분열을 여러 차례 반복해 적혈구를 잇달아 파괴한다.

병원체	말라리아원충
감염 경로	학질모기가 매개
잠복 기간	열대열 말라리아는 7~21일, 그 외에는 2주~수개월
주요 발생지	전 세계 열대·아열대 지방
증상	떨림, 오한, 고열이 주기적으로 반복된다.

열대열 말라리아는 1~3주의 잠복기 후, 하루에 2~3회 정도 불규칙하게 열이 난다. 다른 세 종류는 잠복기가 10일~4주로 그 폭이 넓어서, 증상이 나타나기까지 수개월에서 1년 이상 걸린다. 발열 패턴은 제각각으로 삼일열 말라리아와 난형 말라리아는 2일에 한 번, 사일열 말라리아는 3일에 한 번 열이 난다.[2]

중증화하면 급성 신부전, 간 장애, 혼수 등을 일으켜 사망에 이르는 일도 적지 않다.

가장 위험한 말라리아는 열대열 말라리아다. 95%가 열대열 말라리아로 사망한다. 병이 매우 빠르게 진행되므로 5일 안에 제대로 치료하지 않으면 중증화하여 심각한 합병증(뇌성 말라리아 등)을 동반해 1~2주 만에 절반 이상이 사망한다.

특히 임신부, HIV 감염자, 만 5세 미만의 어린아이는 면역력이 약하므로, 말라리아에 걸리면 중증화하기 쉽다.

---

2 발열 첫날을 발병 1일로 세기 때문에 병명과 주기가 1일씩 어긋난다.

예방법은 모기에게 물리지 않도록 조심하고,[3] 항말라리아제를 복용하는 것이다.

과거에는 일본도 말라리아 유행지였다

일본에서도 19세기 후반부터 20세기 중반까지 말라리아가 전국에서 유행했다. 그리하여 19세기 후반부터 20세기 초반의 홋카이도 개척 시, 수많은 사람이 말라리아로 목숨을 잃었다.

제2차 세계대전 중 일본군은 말라리아에 거의 대비하지 않았다. 이리하여 태평양 전쟁 때 과달카날섬에서는 1만 5,000명, 임팔 전투에서는 4만 명이 말라리아로 사망했다. 또 오키나와 전투 때는 이시가키섬의 주민 거의 전원이 감염되어 3,600명이 사망, 루손섬에서도 5만 명 이상이 말라리아로 목숨을 잃었다. 일본군이 군사 작전에 필요한 인원과 물자를 제대로 보급하지 않아 많은 병사가 영양실조 상태에서 말라리아에 걸렸으므로, 한번 감염되면 거의 살아남지 못했다고 한다. 일본군의 사망 원인 1위는 전투가 아니라 말라리아였을 정도다.

더욱이 제2차 세계대전 때, 일본 정부가 당시 말라리아가 발생했던 오키나와의 이리오모테섬과 이시가키섬의 산간부로 주민을 강제 이주시켰으므로, 수많은 주민이 말라리아에 걸려 목숨을 잃었다.[4]

---

3 모기는 저물녘에 활동하므로, 이 시간대에 외출을 자제하고 모기향, 모기 퇴치용품, 살충제 등을 사용하며, 잠을 잘 때는 모기 기피제를 뿌린 모기장을 사용한다.
4 야에야마제도 인구의 절반에 해당하는 1만 7,000여 명이 감염되었고 이 중 20%인 3,647명이 사망했다.

전쟁이 끝난 후 말라리아는 일본 전국에서 유행했지만, 철저한 예방 정책 덕분에 사망자가 급감했다. 현재는 일본 국내에서 감염자가 발생하지는 않는다. 하지만 온난화의 영향으로 학질모기의 서식지가 늘어나고, 강우량 증가로 유충이 사는 습지대가 확대되고 있어, 일본에서도 말라리아 감염자가 나올지도 모른다며 우려하고 있다(한국에서는 매년 400명 내외로 말라리아 감염자가 꾸준히 나오고 있다. 휴전선 접경 지역을 중심으로 주로 5~10월에 발생한다).

65

파상풍

전 세계의 흙 속에 널리 분포하는 파상풍균은 상처 등을 통해 우리 몸으로 들어온다. 파상풍균은 매우 강력한 신경 독소를 만들어내므로, 파상풍은 오늘날에도 여전히 사망률이 높은 감염병이다.

전 세계 흙 속에 잠들어 있는 매우 무서운 파상풍균

파상풍의 '풍(風)'은 저림이나 마비를 의미하므로, 파상풍은 즉 '상처를 부수고 마비를 일으킨다'는 뜻이다.

파상풍은 매우 흔한 감염병이다. 원인균인 **파상풍균**은 일본과 유럽 등 선진국을 포함한 전 세계 토양에서 발견되기 때문이다. 넘어지거나 땅에 버려진 못, 또는 유리 조각에 찔려 다치거나 흙을 만진 손으로 작은 상처를 만져도 파상풍균에 감염된다.

선진국에서는 예방접종률이 높아 감염자 수가 줄었지만, 한국에서는 2017년 이후 연간 30여 명이 꾸준히 파상풍에 걸리고 있고 사망률 또한 높으므로 특히 주의해야 할 감염병이다.[1]

파상풍은 어떤 감염병인가

파상풍균은 산소가 있으면 생육할 수 없는 세균(혐기성 세균)으로, 흙

---

1 전 세계에서는 발전도상국을 중심으로 해마다 약 100만~200만 명의 환자가 발생한다.

병원체	파상풍균
감염 경로	상처에서 아포 형태로 몸속에 침입
잠복 기간	3일~3주(평균 10일 정도)
주요 서식지	세계 각지의 흙, 동물의 장내 또는 분변 속
증상	개구 장애, 전신 경련, 전신의 근육 경직

속에서는 아포라는 내구성 높은 단단한 껍질에 싸여 있다. 그러므로 상처 부위에 균이 묻어 있더라도 바로 씻어내면 파상풍에 걸리지 않는다.

그러나 다른 세균이 증식하여 면역 세포와 싸우는 과정에서 상처 부위가 곪아 혈류가 멈추면, 산소가 없어지므로 아포가 발아하여 증식하기 시작한다. 증식할 때, 세계 최강의 단백질로 불리는 테타노스파즈민(파상풍 독소)을 만들어낸다.

증상

파상풍 독소는 신경 세포 속을 이동하여 척추에 도달한 다음, 근육을 제어하는 신경을 마비시키므로 근육이 계속 수축한다(경직성 경련).

3~21일의 잠복기 후에는 먼저 입이 잘 벌어지지 않는 증상(개구 장애)이 나타난다. 머지않아 입이 열린 채로 얼굴 근육도 굳어져버리고, 더 진행되면 온몸의 근육이 굳는다(강직성 경련). 마지막에는 호흡 곤란으로 죽음에 이르게 된다. 이 시기를 극복해 독소 작용이 약해지면 증상이 호전된다.

잠복기	3일~3주
제1기	개구 장애, 입으로 섭취하기 힘듦, 목 근육이 땅김, 잘 때 식은땀이 남
제2기	개구 장애 악화, 얼굴이 긴장되고 굳음
제3기	온몸에 강직성 경련, 활 모양 강직, 잦은 맥박, 호흡 곤란
제4기	증상 호전

본인조차 모르는 작은 상처라도 상처가 아물 때 아포가 몸에 들어가버리면 산소와 접촉하지 않은 혐기 상태가 되어 파상풍균이 발아한다.

옛날에는 탯줄에 붙은 파상풍균 때문에 신생아가 종종 파상풍에 걸렸다. 파상풍은 인수 공통 감염병이므로, 농작업용으로 가축을 키우는 집에서 출산해 감염되기도 했다.

파상풍 예방

파상풍균은 전 세계의 흙 속에 살기 때문에 상처가 나면 쉽게 감염된다. 즉 누구나 파상풍균에 감염될 수 있다. 따라서 파상풍을 예방하는 가장 효과적인 방법은 백신을 접종하여 인공적으로 면역을 얻는 것이다.

일본에서는 1968년부터 파상풍에 효과적인 백신 접종이 의무화되어, 생후 3개월에서 만 13세까지 정기적으로 접종한다(한국 역시 모든 영유아가 정기 예방접종 대상이다). 백신이 보급되면서 유아에서 청년층까지는 파상풍에 걸리는 사람이 거의 없지만, 백신이 의무화되기 이전인 현재의 중·고령층 이상에서는 면역이 없는 사람이 많다. 또 백신 접종 후 10년 이상 지나면(만 30세 이상) 면역 효과가 떨어진다. 최근에는 파상풍 환자의 고령화가 두드러진다.

특히 재해가 발생했거나 재해 시에 봉사활동을 할 때는 상처를 입을 위험이 크다. 다쳐도 치료받기 어렵고, 상처를 씻을 안전하고 깨끗한 물도 구하기 어려우므로, 재해 봉사활동에 참가할 때는 파상풍 백신을 맞도록 하자.

또 전 세계 어느 지역이든 장기간 체류할 때도 파상풍 백신을 접종받아야 한다.

치료법

파상풍에 걸리면 파상풍 독소가 조직과 결합하기 전에 항파상풍 사람 면역글로불린으로 독소를 중화하는 치료를 한다. 독소가 조직과 결합해버리면 독소를 중화하기 어려워지므로 조기에 집중적으로 치료해야 한다.

또 한번 파상풍에 걸리면 완치되더라도 충분한 면역이 생기지 않는다. 따라서 몇 번이나 파상풍에 걸릴 수 있으므로 주의해야 한다.

66

세균성이질

이질의 다른 이름은 적리다. 이질에 걸리면 피가 섞인 붉은색 설사를 한다는 이유로 이와 같은 병명이 붙었다. 세균성이질을 일으키는 이질균은 일본인 의사 시가 기요시가 발견했으므로 시가균이라고도 한다.

입으로 들어와 소장에서 증식하고 대장에서 세포로 침입

세균성이질은 이질균으로 오염된 음식물을 통해 감염된다. 환자 또는 보균자와 접촉할 때 손을 통해 균이 입으로 들어와 감염되기도 한다. 입으로 들어온 이질균은 소장에서 증식하고 대장에서 대장 벽 세포로 침입한다. 이 대장 세포가 파괴된 결과 세포의 괴사와 탈락이 일어나서 복통, 점액성 설사 등의 증상이 나타난다.

대부분 자연적으로 낫는다?

세균성이질의 주요 특징은 발열, 나른함, 복통, 혈액이 섞인 점액성 설사다. 열은 대체로 그리 높지는 않으나 오한을 동반한다. 균에 감염된 지 약 이틀 만에 증상이 나타난다.

제2차 세계대전 후에는 해마다 약 10만 명 정도가 이질에 걸렸고, 수많은 사람이 목숨을 잃었다. 그러나 오늘날에는 이질에 걸려 세상을 떠나는 사람을 거의 찾기 힘들다.

시가이질균 이외에는 거의 혈변을 보지 않으며, 가벼운 발열과 설

병원체	이질균
감염 경로	이질균으로 오염된 식품이나 물을 통한 경구 감염
잠복 기간	1~5일
주요 발생지	세계 각지(특히 아시아 지역)
증상	나른함, 오한, 발열 복통, 설사, 묵직한 배, 점액성 변

사 증상만 겪고 회복된다. 이질균은 전염력이 강하므로 세균성이질인 줄을 모른 채 균을 퍼뜨릴 가능성이 있다.

이질균이란

세균성이질은 이질균에 감염되어 걸리는 질환이다.[1]

이질균은 장내 세균에 속하는 균으로 자연계에서는 사람과 원숭이를 숙주로 삼는다. 학문적으로는 대장균과 같은 종으로 분류되지만, 의학계에서는 이질균을 대장균과 다른 종으로 본다.

이질균은 건조에 약하므로 수분이 많이 포함된 식품에서 비교적 오랜 기간 생존한다. 감염을 예방하려면 깨끗한 물을 사용하고, 식재료와 식기를 깨끗한 물로 충분히 헹구며, 손을 잘 씻어야 한다.

또 이름이 비슷한 '아메바이질'은 원충인 이질아메바가 기생하는 감염병으로, 세균성이질과는 다르다.[2]

---

1 원인이 되는 이질균은 시가이질균, 플렉스네리균, 보이드균, 소네이균의 네 종류이며, 일본에서 발병하는 세균성이질의 70~80%는 소네이균이 차지한다.
2 「15. 아메바이질」 참조.

67

장티푸스

장티푸스는 한국과 일본에서 매년 꾸준히 발생한다. 대부분 해외 유입(해외출국자가 현지에서 감염되어 국내에 가지고 들어옴)이지만, 감염 경로가 명확하지 않은 사례도 있으므로 주의해야 할 감염병이다.

사람만 감염된다

티푸스균이 입을 통해 몸속으로 들어오면, 1~3주의 잠복기 후 두통, 관절통, 설사, 복통과 같은 증상이 나타난다. 또 38~40℃의 고열이 약 2주간 계속된다. 장기간 열이 나므로 몸이 쇠약해지고, 마비 증상이 나타나거나 혼수상태에 빠지기도 한다. 일부 환자는 등이나 가슴, 배에 분홍색 발진(장미진)이 생기고 간과 비장이 부어오른다. 열이 떨어질 무렵에는 피가 섞인 설사(소화관 출혈)를 한다.

장티푸스는 티푸스균에 감염되어 발병하는 전신 발열 질환이다. 티푸스균은 살모넬라균의 사촌으로 사람에게만 감염하며, 세포에서도 증식하는 세포 내 기생균이다.

예방과 예후 경과

장티푸스가 유행하는 지역으로 여행을 갈 때는 물이나 얼음, 익히지 않은 신선식품을 섭취하지 말아야 한다. 외국산 백신도 있지만 예방 효과가 100%는 아니므로 주의하자.

병원체	**티푸스균**
감염 경로	경구 감염(오염된 물과 식품)
잠복 기간	1~3주
주요 발생지	남아시아, 동남아시아, 중남미, 아프리카
증상	고열, 두통, 관절통, 기침, 설사, 변비, 복통, 피부 발진

적절하게 치료해도 치료 2~3주 후에 10% 미만의 확률로 재발한다. 더욱이 감염자의 일부는 만성 보균자[1]가 되어, 집단 유행의 원인이 된다. 또 환자 중에는 담낭(쓸개)에 균이 남아 무증상 보균자가 되는 경우도 있다.

20세기 중반까지는 흔했지만

장티푸스는 20세기 중반 무렵까지 흔한 감염병이었지만, 오늘날에는 위생 환경이 개선되면서 드문드문 발생한다. 그러나 전 세계에서는 해마다 1,000만 명이 넘는 사람이 장티푸스에 걸리고, 20만 명 이상 사망한다. 90% 이상이 남아시아, 동남아시아를 중심으로 한 아시아 지역에서 발병한다.

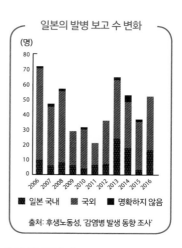

일본의 발병 보고 수 변화

(명)

■ 일본 국내　■ 국외　■ 명확하지 않음

출처: 후생노동성, '감염병 발생 동향 조사'

---

1 발병 후 12개월 이상 소변이나 대변에서 균이 배출되는 상태.

68

파라티푸스

파라티푸스는 1950년대까지 감염자가 여럿 보고되었지만, 위생 환경이 개선되면서 한국과 일본에서는 점차 보기 드문 질환이 되었다. 현재 발생하는 감염은 대부분 발병 전 해외에 나간 이력이 있는 국외 감염이다.

증상

파라티푸스의 잠복기는 보통 약 1~3주이지만, 더 길어질 수도 있다.

장티푸스와 파라티푸스의 세 가지 특징은 느린맥(고열인데도 맥박은 그다지 증가하지 않는다), 장미진(장미색 반점이 피부에 나타나는 일시적 발진), 비장 비대(비장이 부어서 커진 상태)이지만, 반드시 이 증상이 모두 나타나지는 않는다. 또 종종 말라리아 등에서도 비슷한 증상이 나타난다.

파라티푸스에 걸리면 처음에는 피로하고 열이 난다. 열은 38~40℃ 정도까지 상승한다. 더욱이 복통, 설사, 변비 증상이 나타난 후에 소화관 출혈, 패혈증 같은 심각한 질환으로 발전하기도 한다.

파라티푸스의 원인균

파라티푸스의 원인균은 **파라티푸스균**(A, B, C)이다.

파라티푸스의 증상은 장티푸스와 매우 비슷하다. 감염자나 보균자의 배설물 등으로 오염된 물 또는 식품을 섭취해 감염된다.

병원체	파라티푸스균
감염 경로	경구 감염(오염된 물, 오염된 식품)
잠복 기간	1~3주
주요 발생지	남아시아, 동남아시아, 중남미, 아프리카
증상	고열, 두통, 전신 권태감, 복통, 설사, 변비, 피부 발진

파라티푸스 B균과 파라티푸스 C균이 일으키는 병에 걸리면 파라티푸스 A균에 감염되었을 때와 비슷한 증상이 나타난다. 다만 파라티푸스 B균과 C균이 일으키는 병은 세계적으로는 파라티푸스에 포함되는 반면, 일본에서는 이 감염병을 일반 살모넬라증으로 취급한다. 파라티푸스 A균이 일으키는 감염병만 파라티푸스라고 부른다.

사람에게 특이성

파라티푸스 A균은 티푸스균과 마찬가지로 사람에게만 감염하는 병원체다. 그리고 세포 내에서도 증식하는 세포 내 기생균이라는 점 또한 똑같다.

파라티푸스 A균은 오염된 물이나 식품을 통해 입으로 감염되므로, 위생 환경이 불량할수록 세균이 쉽게 퍼진다.

파라티푸스 예방의 기본은 일반적인 감염병 예방법을 따르는 것이다.

69

크립토스포리듐증

크립토스포리듐증의 원인인 크립토스포리듐은 수돗물 속 염소에 내성을 보이므로 최근까지 선진국에서도 집단 발병 사고가 일어났다.

감염 경로는 입 또는 동물

크립토스포리듐증이란 **크립토스포리듐**(포자충류의 사촌으로 동물의 장관 등에 기생하는 원충)에 감염되어 발병하는 감염병이다.

크립토스포리듐은 감염된 사람 또는 어린 동물의 대변 속에 있다. 크립토스포리듐의 포낭(시스트)이 있는 물이나 음식, 또는 대변이 묻은 손 등을 통해 감염된다.

사람 대 사람으로 감염

1976년에 처음으로 사람과 사람 사이의 감염이 보고되었다. 에이즈 환자, 암 환자 및 장기나 골수를 이식받아 면역 억제제를 투약 중인 환자, 선천적으로 면역력이 약한 사람 등, 면역력이 극도로 저하된 사람은 만성이 되어 중증화하기도 한다.

오랜 기간 물 설사를 하므로 몸이 쇠약해져 목숨을 잃기도 한다.

병원체	**크립토스포리듐**(원충)
감염 경로	감염 동물과의 접촉, 경구(오염된 물과 식품), 성적 접촉 등
잠복 기간	1~10일(주로 4~8일)
주요 서식지	세계 각지
증상	물 설사, 복통, 권태감, 식욕 부진, 구토, 발열

집단 감염과 대응에 도움이 된 수도

크립토스포리듐증에 걸리면 복통을 동반하는 물 설사가 3일~1주일 간 지속되지만, 건강한 사람이라면 면역이 생겨 저절로 낫는다.

1990년대 이후 크립토스포리듐은 종종 대규모 집단 설사 사태를 일으켰다. 가장 심각한 사건은 1993년 1월부터 4월까지 미국 밀워키에서 발생한 대규모 집단 설사 사건이다. 정수장 한 곳이 크립토스포리듐으로 오염되어, 설사 환자가 40만 명 넘게 발생했다. 일본에서도 1996년 6월, 사이타마현 이루마군 오고세마치에서 수돗물을 통해 70%가 넘는 주민이 크립토스포리듐에 감염되어 설사증을 일으켰다. 크립토스포리듐의 포낭은 염소로 소독해도 죽지 않기 때문에 오고세마치에서는 마이크로필터로 차단하는 막 처리 시설을 도입하여 크립토스포리듐을 제거하는 데 성공했다.

참고로 물속에 든 크립토스포리듐을 죽이려면 물을 끓여야 한다.

70

레지오넬라증

24시간 순환식 욕조 등이 보급되면서 레지오넬라증이 증가하고 있다. 순환식 욕조에 침입해 대량으로 증식한 레지오넬라균에 감염되어 발병한다. 온천이나 목욕탕 등에서 집단 감염을 일으킨다.

인공적인 물순환 시설에서 균이 대량으로 증식

병원체인 레지오넬라속 세균[1]은 산(酸)과 열에 강해서 50℃의 뜨거운 물 속에서도 죽지 않는다.

레지오넬라속 세균은 24시간 순환식 욕조, 온천, 공중목욕탕, 사우나, 수영장, 에어컨의 수랭식 냉각시스템, 가습기, 분수 등에 침입하고, 위생 관리를 소홀히 하면 대량으로 증식한다.[2] 환기·입욕 시설에서 균이 호흡기를 통해 폐로 들어가면 중증 폐렴에 걸린다.

무서운 병은 레지오넬라폐렴과 폐렴으로 인한 전격 감염

레지오넬라속 세균이 섞인 에어로졸(1~5µm의 미세한 물방울)을 흡입하여 레지오넬라증에 걸리기도 한다.

잘 알려진 레지오넬라증에는 중증 폐렴을 일으키는 '레지오넬라

---

1 길이는 2~5µm 정도로, 편모가 달린 가늘고 긴 막대 모양 또는 원통 모양의 세균(간균)이다. 자연계에서는 아메바에 기생하며 흙 속, 연못, 하천, 호수, 늪 등에 산다.
2 온천에서는 레지오넬라증을 예방하기 위해서 염소로 살균한다.

병원체	레지오넬라속균
감염 경로	균이 포함된 에어로졸이나 먼지 흡입
잠복 기간	2~10일
주요 서식지	흙 속, 연못, 하천, 호수, 늪, 24시간 순환식 욕조·온천 등 인공적인 물 환경 시설
증상	특히 레지오넬라폐렴은 중증 폐렴을 유발한다. 발열, 근육통, 기침, 가슴 통증, 호흡 곤란, 설사 등

폐렴'과 저절로 치유되며 일시적인 '폰티액열'이 있으며, 뉴스 등에서 흔히 듣는 집단 감염 사례는 대체로 레지오넬라폐렴이다.

건강한 사람이라면 레지오넬라폐렴에 걸리지 않지만, 환자, 고령자, 어린아이, 기저질환자 등은 쉽게 걸린다. 중증화하면 목숨을 잃을 수도 있다. 전격 감염되어 1주일 이내에 사망한 사례도 있다.

폰티액열은 증상이 감기와 유사해 증상만 듣고 레지오넬라증을 의심하기는 어렵다. 다만, 대부분 저절로 나으며 예후는 좋은 편이다. 참고로 레지오넬라증은 다른 사람에게로 전염되지는 않는다.

레지오넬라증의 별명은 재향군인병

레지오넬라증의 '레지오넬라'란 재향군인을 말한다. 1976년에 미국 필라델피아에서 열린 재향군인 집회에서 집단 폐렴 형태로 발견되었기 때문에 재향군인병이라는 별명이 붙었다.[3]

---

3   참가자, 호텔 직원, 지나가던 사람 100여 명이 걸렸고 이 중 29명이 사망했다.

71

디프테리아

디프테리아에 걸리면 호흡 곤란과 심근염 등의 합병증으로 목숨을 잃기도 한다. 백신 접종률이 낮은 지역에서는 감염자가 속출하고 있으므로 주의해야 한다.

백신 접종으로 예방할 수 있는 감염병

디프테리아는 한때 일본에서 소아 감염병 사망 원인 1위를 차지했고, 1945년에는 한 해에 8만 명이 감염되었다. 그러나 백신 접종이 의무화되면서부터 사망자가 감소했고, 일본에서는 1999년 이후 감염자가 나오지 않는다. 한국 역시 1988년 이후로 국내 환자가 발생하지 않고 있다.

선진국을 비롯해 백신 접종률이 높은 국가에서 디프테리아는 희귀한 병이 되었다. 그러나 아프리카, 남아메리카, 아시아의 발전도상국에서는 아직도 감염자가 나온다. 비말로 감염되므로 전염력이 높다는 점 또한 감염자 증가에 한몫하고 있다. 디프테리아의 치사율은약 10%이다.

호흡기를 침범하는 디프테리아

비말 또는 밀접 접촉으로 사람 대 사람으로 전염되는 디프테리아는 **디프테리아균**이 내뿜는 디프테리아 독소로 인해 발병한다.

병원체	디프테리아균
감염 경로	사람 대 사람으로 비말 감염
잠복 기간	2~5일
주요 발생지	아시아의 발전도상국, 동남아시아, 중남미, 아프리카
증상	고열, 두통, 전신 권태감, 복통, 설사, 변비, 피부 발진

보통 2~5일의 잠복기가 지나면, 처음에는 열이 나고 코와 목에 통증이 느껴지다가, 머지않아 목구멍에 회백색 위막이 생긴다. 위막 속에서 균이 증식하면서 퍼지는데, 위막이 기도를 막으면 호흡 곤란에 빠진다.

목의 림프샘이 심하게 부어서 질식사하기도 하고, 중증화하면 독소가 심장에 도달해 심근염에 의한 부정맥이나 심부전 등으로 사망하기도 한다.[1]

디프테리아 예방에는 백신 접종이 효과적이다. 그러나 약 10년 후에는 백신의 효과가 떨어지므로, 디프테리아가 유행하는 지역에 체류할 때는 10년마다 예방접종을 받는 것이 좋다. 디프테리아에 걸리면 항균제를 투여하여 치료하지만, 이미 위막이 생겼다면 디프테리아 항독소를 투여한다.

---

1 팔다리 피부에 생선 비늘 모양의 발진이 나타나는 등 만성 피부 질환이 생기기도 한다.

디프테리아와 매우 비슷한 감염병

1999년 이후 디프테리아와 매우 흡사한 병이 보고되었다.

이 병은 궤양성코리네박테륨이란 세균에 감염되어 발병하는 감염병으로, 사람뿐 아니라 개, 고양이 같은 동물에게도 감염한다. 일본에서 발병한 사람은 대부분 개나 고양이를 키우고 있었으며 일부는 증상이 악화해 세상을 떠났다. 감염된 반려동물에게는 피부염과 감기 비슷한 증상이 나타난다.[2]

---

2 반려동물의 재채기, 콧물, 눈곱 등의 감기 증상이 잘 낫지 않는다면 동물병원에 가서 진찰받아야 한다.

72

콜레라

콜레라는 인도와 방글라데시를 중심으로 하는 서남아시아 및 동남아시아, 아프리카, 중남미에서 유행한다. 19세기에 들어 총 6번의 세계적 대유행(팬데믹)을 일으켰다.

심한 하얀색 설사를 하며 몇 시간 만에 사망하기도

콜레라는 감염자의 대변으로 오염되어 **콜레라균**[1]이 포함된 물이나 음식을 섭취함으로써 걸린다. 입을 통해 들어온 콜레라균이 소량이라면 위산으로 죽일 수 있다. 하지만 살아서 빠져나간 콜레라균이 소장에 도달하면 천문학적으로 증식해 콜레라 독소를 만들어내므로, 심한 설사와 구토를 일으킨다.

콜레라 환자 중 80%는 가벼운 증상이나 중간 정도의 증상에서 끝나지만, 20%는 심각한 설사증으로 발전한다.[2] 또 콜레라는 만 5세 이하의 어린아이가 많이 걸린다.

콜레라의 특징인 설사는 쌀뜨물처럼 하얀 액체 상태다. 본디 변이 갈색인 이유는 담즙 때문인데, 담즙 분비가 미처 따라오지 못하는 것이다. 짧은 시간에 엄청난 양의 설사를 하므로, 치료하지 않으면 증

---

1 콜레라균에는 혈청형이 여러 개 있으며, 콜레라의 원인이 되는 유형은 O1형과 O139형뿐이다. O139형은 1992년에 방글라데시에서 발생한 새로운 유형이고, 집단 발생을 일으키는 대표 유형은 O1형이다.

2 치사율은 2.4~3.3%이지만, 중증일 경우 50%에 달한다.

병원체	콜레라균
감염 경로	감염자의 변으로 오염된 물이나 음식을 섭취함으로써 감염
잠복 기간	1~3일
주요 발생지	아시아, 중동, 북아프리카, 중남미
증상	갑자기 심한 설사와 구토를 한다. 심하면 쌀뜨물 같은 설사를 대량으로 배출하며, 발열, 구토와 복통 증상이 나타나기도 한다. 대량의 설사로 탈수 증상을 일으켜, 잦은맥박, 혈압 저하, 청색증, 체중 감소, 무뇨 등이 나타난다.

상이 나타난 지 고작 몇 시간 만에 급성 탈수증으로 사망한다.

그러므로 콜레라가 유행하는 지역에서는 끓이지 않은 물(수돗물 포함)과 날음식을 피하는 등, 각별히 주의해야 한다.

콜레라에 걸렸을 때는 대량으로 손실된 수분과 전해질[3]을 보충해 주어야 한다. 물에 전해질과 당분이 적절하게 배합된 경구 보수액 섭취가 효과적이다. 항균제도 투여한다.

콜레라의 유행은 위생 환경 개선을 촉진했다

콜레라가 유행하면서 도시의 위생 환경이 빠르게 개선되었다. 유럽에는 상하수도가 보급되었고, 일본에서도 1887년 근대식 수도 시설이 만들어졌다. 요코하마에서 시작해 이후 하코다테, 나가사키, 오사카, 도쿄, 고베 순으로 차례차례 급수가 시작되었다.

이처럼 수도 시설이 급속하게 보급된 배경에는 수인성 전염병인 콜

---

3 불에 녹였을 때 양이온과 음이온으로 흩어져서 물속에 존재하는 미네랄 물질이다. 대표적인 예는 염화 소듐이다.

레라의 대유행이 있었다. 위생 환경이 개선된 근대 도시는 콜레라 덕분에 탄생한 셈이다.

세계적 대유행을 여러 차례 반복했다

콜레라는 세계적 규모로 유행하는 전염병이다.

기록에 따르면, 제1차 유행기(1817~1823)는 오랜 기간 인도 벵골 지방의 풍토병이었던 콜레라가 아시아의 여러 나라로 진출한 때였다. 콜레라는 당시 쇄국 중인 일본에까지 퍼져 약 10만 명의 사망자를 냈다. 고작 3년 후에는 또다시 인도에서 시작되어 훨씬 멀리까지 퍼졌다. 이를 제2차 유행기(1826~1837)라고 한다.

제3차 유행기(1840~1860) 때는 이탈리아에서 14만 명, 프랑스에서 2만 4,000명, 영국에서 2만 명이 사망했다. 1858년에는 일본에서도 콜레라가 크게 유행했다.

이에 그치지 않고 제4차(1863~1879), 제5차(1881~1896), 제6차 유행기(1899~1923)로 이어졌다. 일본에서는 1879년에 16만 명이 콜레라균에 감염되어 이 중 10만 명이 사망했다는 기록이 남아 있다. 한국에서는 1879년경 처음 발생한 것으로 추정되며, 당시에는 '괴질'이라고 불렸다.

현재는 1961년에 시작된 제7차 유행기이다.

세계에서는 매년 콜레라 환자가 약 130만~400만 명 정도 발생하고, 2만 1,000명~14만 3,000명이 사망한다고 추정된다. 안전한 물이 확보되지 않거나 위생 환경이 좋지 않은 지역에서 환자가 나온다.

제 8 장

지금도 세계를 바꾸는
감염병과 시민 생활

73

팬데믹은 왜 반복될까?

인류의 역사는 아주 먼 옛날부터 각종 바이러스 및 세균 감염병과 싸워온 역사다. 종종 대규모로 유행하여 인류를 괴롭혔지만, 인류는 그때마다 씩씩하게 극복해왔다.

반복되는 팬데믹

팬데믹은 '모든(Pan) 사람들(Demia)'에서 유래한 말이다. 바이러스와 세균 등이 사람에게 감염하고, 이 감염병이 전 세계에서 크게 유행한 다는 뜻이다.

반면, **엔데믹**은 특정 지역에서만 유행하는 현상을 의미하며, 어느 지방의 풍토병도 여기에 들어간다.

인류를 위협하는 재해에는 지진과 쓰나미, 화산 폭발 등이 있는데, 팬데믹은 이 재해보다 훨씬 무서운 현상이다. 지진이나 화산 폭발로 도 수많은 사람이 사망하지만, 이러한 재해의 발생 확률은 1,000년 에 한 번, 300년에 한 번 등, 팬데믹과 비교해 압도적으로 낮기 때문 이다.

한편, **감염병**은 십수 년에 한 번은 반드시 유행한다. 그때마다 눈에 보이 지 않는 공포가 스멀스멀 다가와 언제 끝날지 알 수 없는 긴장감을 불러일으키고 미지의 병원체에 대한 대책을 요구받는다.

팬데믹의 역사

팬데믹은 기원전부터 발생했다는 기록이 있다. 역사가 오래된 팬데믹은 아마도 홍역이나 천연두 팬데믹이었다고 추측된다.

14세기 유럽에서는 페스트가 크게 유행했다. 페스트로 무려 2,500만~3,000만 명이 사망해 당시 유럽 인구의 약 3분의 1이 감소했다. 페스트 팬데믹은 이후에도 세 차례나 더 일어났다.

16세기에는 천연두가 남북아메리카에서 크게 유행했다. 콜럼버스가 신대륙을 발견하면서 유럽에서 남북아메리카로 사람과 물자가 건너갈 때 천연두가 함께 유입되어 유행하기 시작했다. 남북아메리카 원주민은 천연두에 대한 면역이 전혀 없었고, 이로 인해 발생한 팬데믹은 중남미에 번성했던 아스테카와 잉카 문명 등을 멸망으로 내몰았다.

19~20세기에는 콜레라와 인플루엔자가 종종 맹위를 떨쳤고, 20~21세기에는 신종인플루엔자, 에이즈, 신종 코로나바이러스 등 신종 바이러스에 의한 새로운 팬데믹이 일어났다. 이처럼 팬데믹은 대략 십수 년에서 100년 간격으로 발생한다는 사실을 알 수 있다.

과거에 발생한 팬데믹

발생 연도	명칭	추정 사망자 수
1918	스페인 독감	약 5,000만 명
1957	아시아 독감	약 200만 명
1968	홍콩 독감	약 100만 명
2009	신종인플루엔자(신종플루)	약 1만 6,000명

100년 전의 팬데믹

일본과 관련된 팬데믹 중 최근에 있었던 심각한 팬데믹은, 약 100년 전 다이쇼 시대(1912~1926)에 유행한 **스페인 독감**이다. 보통 스페인 독감이라고 부르지만, 정체는 조류에서 유래했다고 보이는 H1N1형인 플루엔자로, 스페인이 아니라 미국에서 발생했다. 1918~1920년에 유행하여 전 세계에서 5,000만 명 이상이 사망했다.

스페인 독감은 때마침 제1차 세계대전이 한창일 때 유행했다. 이 전쟁으로 목숨을 잃은 사람이 약 1,000만 명이었던 데 반해, 이보다 훨씬 많은 사람이 인플루엔자 팬데믹으로 세상을 떠났다. 이 팬데믹으로 종전이 앞당겨졌다는 설도 있을 정도다.

이때는 일본에서도 무려 40만 명이 사망했다. 당시의 신문 기사나

두 가지 팬데믹 비교

	스페인 독감 (1918~1920)	신종 코로나바이러스 감염증 (2020~)
전 세계 인구와 희생자	• 18억 명 • 사망자 수 4,000만~1억 명	• 77억 명 • 사망자 수 686만 명 (2023년 5월 시점)
바이러스가 퍼진 계기	제1차 세계대전	해외여행 등
최초로 감염자가 급증한 나라	미국	중국
감염되기 쉬운 사람	의료 종사자, 저소득자, 청소업자, 돌봄 노동 종사자, 건강한 젊은이 등	의료 종사자, 저소득자, 청소업자, 돌봄 노동 종사자, 고령자 등

계몽 포스터를 보면, 감염을 막기 위해 외출 자제, 휴교, 마스크 착용, 환자 격리, 모임 삼가기 등, 오늘날과 똑같이 대응했다는 사실을 알 수 있다.

팬데믹은 왜 일어나는가

새로운 병원체가 면역이 없는 사람들 사이에 들어와 유행하기 시작하고, 멀리 퍼져나가 결국에는 감염자 수가 폭발적으로 늘어난다. 팬데믹이 일어나려면, 우선 바이러스가 광범위하게 이동해야 한다. **역사에 기록된 팬데믹에도 반드시 새로운 사람의 흐름이 있었다.**

2020년, 신종 코로나바이러스 팬데믹이 발생한 배경으로는 교통의 발달로 사람 간의 교류가 세계적 규모로 활발해진 점을 들 수 있다. 사람 간의 활발한 교류는 문화를 다채롭게 하고 경제적인 면에서도 커다란 이익을 가져다주지만, 미지의 병원체가 널리 퍼지는 계기가 되기도 한다. 따라서 팬데믹을 미리 막는 것은 국제화를 부르짖는 현대 사회의 중요한 과제다.

가령 일본에서는 일본인에게 항체가 없는 무서운 감염병의 유행을 예방하기 위해 여러 가지 대책을 세우고 있다. 에볼라출혈열바이러스를 비롯한 6종의 병원체[1]는 일본에 들어오지 못하도록 엄격하게 검역하는 등, 철저히 감시하고 있다.

1　에볼라바이러스, 크리미안·콩고출혈열바이러스, 천연두바이러스, 남아메리카출혈열바이러스, 마르부르크바이러스, 라사바이러스의 6종.

74

미래를 위협하는 다제내성균 감염증

다제내성균이 일으키는 병원 내 감염은 오늘날에도 큰 과제지만, 방치하면 의료의 미래, 나아가서는 인류의 미래를 위협할 가능성이 있다. 다제내성균의 역사를 파헤쳐보자.

항균제

메티실린은 1960년경부터 사용된 강력한 **항균제**(항생제)다. MRSA는 메티실린내성 황색포도상구균[1]을 줄인 말로, 황색포도상구균은 우리의 피부와 콧속, 위장 등에 있는 상재균이다. 보통은 우리의 면역 체계가 정상으로 작동하고 다른 세균과 균형을 이루고 있어서 해롭지 않지만, 상처가 생기면 황색포도상구균의 수가 늘어난다. 고름은 늘어난 세균과 백혈구가 싸워서 생긴 분비물이다.

황색포도상구균은 상처에 고름이 생기는 화농을 비롯한 피부 감염병뿐 아니라 몸에 세균이 증식하여 발생하는 염증(폐렴, 복막염 등), 그리고 세균이 혈액에까지 퍼지는 패혈증 등 여러 심각한 감염병의 원인이 된다.

항균제는 이와 같은 감염병을 막는 데 큰 역할을 했다. 제2차 세계 대전 때는 독일이 개발한 합성 항균제인 설파제가 크게 활약했고, 설

---

1 methicillin-resistant Staphylococcus aureus.

파제는 **페니실린**(약제명은 페니실린 G)과 함께 수많은 사람의 목숨을 구했다.

내성균

그러나 얼마 안 가 이 약이 듣지 않는 세균이 나타났다. 바로 **내성균**이다. 대부분의 약제는 병원체의 수를 줄이기는 해도 전부 죽이지는 못한다. 변이를 일으켜 약제에 견디는 힘을 획득한 세균주는 살아남아 점차 다른 사람을 감염시킨다. 이리하여 다양한 항생제에 내성을 가진 세균, 즉 **다제내성균**이 생겨난다.

한 예로, 많은 병원체가 설파제에 대한 내성을 획득한 탓에 오늘날 의료 기관에서는 설파제를 거의 사용하지 않는다.

더욱이 페니실린 G가 듣지 않는 황색포도상구균이 늘어나면서 **메티실린**이란 항생제가 개발되었다. 서구에서는 1960년대부터 메티실린을 사용하여 크게 효과를 보았다.

그러나 메티실린에도 내성을 보이는 포도상구균이 출현했다. 바로 MRSA다. MRSA는 1970년대 후반부터 보고되었으며, 일본에서도 1980년대 후반 의료 관계자 사이에서 큰 문제가 되었다. 병원에서 항생제를 투여해도 효과가 없는 포도상구균 감염병이 나타나 병원 내 감염 등으로 퍼져나간 것이다.

당시 10% 정도로 추정된 MRSA는 오늘날 감염병을 일으키는 포도상구균의 60%를 넘는다고 한다. 오늘날에는 신세대 항균제에도 내성을 보이는 반코마이신내성 황색포도상구균도 점차 증가하고 있다.

다양한 다제내성균

페니실린과 메티실린의 예를 통해 알 수 있듯이 병원체는 10년 만에 그 약물에 대한 내성을 획득한다.

신세대 항균제인 아르베카신이나 무피로신에 내성을 보이는 균도 보고되었다.

WHO는 다제내성균 중에서도 특히 경계해야 할 12가지 세균 목록을 공개했다. 이 목록의 '위험' 순위에는 황색포도상구균보다도 악성도가 높은 녹농균, 장내 세균인 엔테로박터, 흙 속에 많은 아시네트박터가 들어가 있다.

일부 다제내성녹농균(MDRP)은 플라스미드라는 유전 물질을 통해 다른 녹농균에 내성을 전달하는 능력이 있다고 추정되어, 의료 현장이 경계를 강화하고 있다. 아시네트박터도 넓은 범위에서 서식하므로 시설을 소독하고 유지·관리하는 데 커다란 부담이 될지도 모른다.

황색포도상구균은 '높음'으로 분류되어 있으며, 이 순위에는 위암을 유발하는 헬리코박터파일로리균, 장내 세균(유산균)의 일종인 장구균(엔테로코쿠스), 식중독을 일으키는 캄필로박터와 살모넬라, 그리고 성 매개 감염병을 일으키는 임균이 포함되어 있다.

이 중에서 MRSA 치료에도 사용되는 반코마이신에 내성을 보이는 장구균을 **반코마이신내성장구균**(VRE)이라고 하는데, 이는 특히 해외에서 커다란 문제가 되고 있다. 장내에 상주하는 세균에 항생제가 듣지 않으면, 수술이 끝난 환자나 면역력이 약한 사람은 술후 창상 감염, 복막염, 폐렴, 패혈증 등을 일으킬 수 있기 때문이다.

의료의 미래를 위협한다

다제내성균이 증가하면, 21세기 후반에는 심하게 다쳤을 때나 수술할 때 감염병을 막지 못할지도 모른다. 쉽게 말해 의료 행위나 수술 시에 안전이 보장되지 않는다는 뜻이므로, 이는 정말 심각한 문제다. 의료 수준이 항생제가 개발되기 100년쯤 전으로 돌아갈 가능성도 있다.

내성균의 발생을 막으려면 항생제를 함부로 써서는 안 된다. 필요할 때 정해진 양을 정확히 사용하여 병원체를 확실하게 물리쳐야 한다.

예전에는 감기에 걸렸을 때 중증화를 막는다는 명목으로 병원에서 항생제를 처방했지만, 이와 같은 사정으로 오늘날에는 예전처럼 무턱대고 항생제를 처방하지는 않는다.

75

변종 크로이츠펠트 · 야코프병

1990년대 영국을 중심으로 많은 환자가 발생한 변종 크로이츠펠트·야코프병. 소 해면상 뇌증과
의 관계, 현대의 축산업이 떠안고 있는 문제점을 파헤친다.

크로이츠펠트 · 야코프병

먼저 크로이츠펠트·야코프병(CJD)은 매우 희귀한 난치병으로, 앞으
로 설명할 변종 CJD와는 다른 병이다.

크로이츠펠트·야코프병은 비정상적인 **프라이온 단백질**이 뇌에 축적
되어 발생한다고 추정된다. 처음에는 알츠하이머, 간대성 근경련증이
라는 불수의운동 등의 증상이 나타나고, 약 반년 만에 증상이 급속
히 악화해 몸을 움직이지 못하게 된다. 평균 70세를 전후로 발병한다.

프라이온이란

프라이온은 '단백질성 감염 단위'라는 뜻의 합성어로, 해면상 뇌증[1]
을 일으키는 감염 인자에 **세균이나 바이러스가 아닌 또 다른 물질이 있다**
는 가설에서 비롯되었다.

1982년, 미국의 신경학자 스탠리 B. 프루시너가 크로이츠펠트·야

---

1 양의 스크래피, 소의 해면상 뇌증, 사람의 크로이츠펠트 · 야코프병.

코프병을 일으키는 프라이온 단백질(PrP)을 발견했다. 질병을 일으키는 감염성 프라이온이 활발하게 연구되면서 일반 세포도 정상형 프라이온을 보유한다는 사실이 밝혀졌다. 감염형 프라이온은 이 정상형 프라이온의 형태를 바꿔서, 단백질을 분해하는 프로테아제 작용을 억제하는 '감염형 프라이온'으로 만들어버린다. 감염형 프라이온 단백질이 쌓여서 응집체로 변해 몸에 이상이 발생한다.

그러나 이 병이 어째서 생기는지, 그 이유는 아직 밝혀지지 않았다. CJD 환자는 대부분 가족력이 없고, 프라이온 단백질 유전자에도 변이가 없는 '돌발성'이라 불리는 환자다.

다만 정상형 프라이온의 기능에는 여러 가설이 있다. 확실하지는 않지만 세포막에서 구리 이온 등과 결합하여 무언가 기능을 수행한다는 점, 기억을 유지하거나 줄기세포가 자기 복제하는 데 필요하다는 점 등, 그 기능이 점차 명확해지고 있다.

변종 CJD, 일명 광우병

오래전부터 일부 민족에게는 높은 확률로 감염성 CJD가 나타난다는 점, 그리고 프라이온병으로 사망한 환자의 각막이나 뇌 경막을 이식하면 의인성 CJD가 발생한다는 사실이 알려져 있었다.[2]

1993년 영국에서 의인성도, 중·고령자도 아닌 만 15세의 소녀 CJD 환자가 보고되었다. 이후에도 영국에서는 이례적인 환자가 속출했고,

---

2 환자를 치료하기 위한 의료 행위가 새로운 질환을 유발하는 것을 의인성 질환이라고 한다.

1995년 이후에는 사망자가 잇달아 나왔다.

1996년 영국 보험성은 '크로이츠펠트·야코프병 환자 10명의 발병 원인이 **소 해면상 뇌증**(BSE), 일명 **광우병**에 걸린 소고기라는 사실을 부정하기 어렵다'고 발표했다. 이 병이 바로 **변종 CJD**(vCJD)이다. BSE에 걸린 소고기를 먹음으로써, 종을 뛰어넘어 프라이온병에 걸린 것으로 추측된다.

대부분 병원체는 열을 가하면 죽지만, 프라이온은 열에 강해서 열을 가해 조리해도 병원성을 잃지 않는 점 또한 불리하게 작용했다.

오늘날에는 특히 감염을 일으키기 쉬운 위험 부위가 밝혀졌다. 일본에서는 척수, 배근 신경절을 포함하는 척주, 눈, 뇌, 편도, 소장의 일부 등이 위험 부위로 지정되었다.[3]

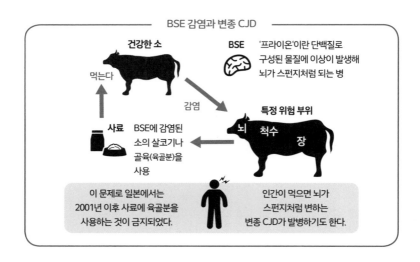

BSE 감염과 변종 CJD

건강한 소

먹는다

사료 BSE에 감염된 소의 살코기나 골육(육골분)을 사용

감염

BSE '프라이온'이란 단백질로 구성된 물질에 이상이 발생해 뇌가 스펀지처럼 되는 병

특정 위험 부위

뇌 척수 장

이 문제로 일본에서는 2001년 이후 사료에 육골분을 사용하는 것이 금지되었다.

인간이 먹으면 뇌가 스펀지처럼 변하는 변종 CJD가 발병하기도 한다.

---

3 영국에서, 음식에 풍미를 더한다는 이유로 아미노산이 풍부한 뇌 등을 햄버그스테이크의 원료로 사용한 것이 감염자가 늘어난 원인이라는 주장도 있다.

가축 간 감염 확대

또 소에서 소로 BSE가 퍼진 이유는 영양소를 강화하기 위해서 사료에 첨가한 육골분 등에 병사한 소고기가 포함되어 있었기 때문이라고 한다.

일본에서는 2001년에 BSE 환자가 확인되어 출하되는 소를 전부 검사했으며, 이어지는 2003년에는 미국에서도 BSE 환자가 발생하면서 미국산 소고기 수입을 금지했다.

변종 CJD의 현재

영국을 중심으로 발생한 변종 CJD 사망자는 100명 이상, 프랑스를 비롯한 전 세계 추정 사망자 수는 300명 정도다. 일본에서 미국산 소고기의 수입 금지 조치는 2005년까지 이어져, 사회적으로 큰 영향을 끼쳤다(한국의 경우 2008년 협상을 통해 미국산 소고기 수입이 재개되면서 큰 파동이 일었다).

현재 일본에서는 변종 CJD에 대처하기 위해 소의 사료에 육골분을 사용하는 것을 금지했으며, 다 자란 소는 BSE 검사 후, 특정 위험 부위를 제거한 다음 소각한다. 또 수입 소고기는 BSE의 발생 확률을 토대로, 발병 위험이 적은 개월 수의 소고기를 특정 위험 부위를 제거한 후 수입하는 식으로 대처한다.

한국과 일본은 현재에도 일정 기간 이상 영국에 체류한 사람이 헌혈하는 것을 금지하고 있다.

76

병원체와 펼치는 끝없는 진화 경쟁

사람의 면역 체계는 매우 복잡해서 우리 몸에 들어온 각종 병원체를 싸워서 물리친다. 그런데도
감염병이 사라지지 않는 이유는 인체와 병원체의 치열한 '진화 경쟁' 때문이다.

바이러스의 돌연변이와 면역 체계의 끝없는 경쟁

인플루엔자가 해마다 유행하는 이유는 인플루엔자가 종종 돌연변이
를 일으켜, 인간의 면역 체계를 빠져나가는 탓이다.

우리 몸에 감염된 인플루엔자바이러스는 하루에 무려 100만 배나
증식한다. 이렇게 증식하는 동안에도 바이러스가 미세하게 변화하므
로 우연히 현재의 면역 체계가 물리치지 못하는 유형이 출현하기도
한다.

한번 인플루엔자바이러스가 유행해 그 바이러스에 대한 항체를 보
유한 사람이 많아지면, 항체로 물리칠 수 있는 인플루엔자바이러스
는 유행하지 않는다. 그러나 돌연변이가 생기면 현재의 면역 체계로
는 물리치지 못하는 유형이 유행하기 시작한다. 그러면 많은 사람이
이 변종 인플루엔자바이러스에 감염되고, 또다시 우리 몸에는 이 바
이러스에 대한 항체가 생긴다.

돌연변이 인플루엔자바이러스가 끊임없이 나타나고 면역 체계는
끊임없이 이에 대응한다. 바이러스는 인간 사회 속에서 계속 살아가기 위해

유전자를 돌연변이로 만드는 전략을 채택한 셈이다. 한편, 면역 체계는 바이러스에 대항하기 위해서 끊임없이 달리지 않으면 바이러스에 당하고 만다.[1]

면역 체계를 빠져나가는 병원체

사람의 면역 체계가 제아무리 강력해도 몸에 침입한 이물질을 완전히 물리칠 수는 없다.

예를 들면 수두의 원인인 수두대상포진바이러스(VZV)는 신경에 감염된다. 보통 면역 체계는 바이러스에 감염된 세포를 제거하려고 하지만, 신경 세포는 한번 파괴되면 재생되지 않는다. 즉 수두대상포진바이러스에 감염된 신경 세포를 제거하면 감각이 사라지거나 근육을 움직일 수 없으므로, 이러한 세포는 시스템상 면역 체계로부터 공격받지 않는다. 인체에 자리 잡은 VZV는 평소에는 증상을 드러내지 않다가 면역력이 떨어졌을 때 대상포진이라는 증상을 드러낸다.

이렇듯 우리 몸속에서도 면역 체계에 공격받지 않는 시스템을 진화시킨 병원체가 있다.

이리하여 바이러스나 세균이 우리 몸에 계속해서 자리 잡은 상태를 **지속 감염**이라고 한다. 지속 감염되는 바이러스는 B형간염, C형간염, HIV, HPV 등으로, 각각 면역 체계를 빠져나가는 시스템을 보유하고 있다.

---

1 붉은 여왕 가설이라고 한다. 『거울 나라의 앨리스』에서 붉은 여왕이 사는 거울 나라를 설명하는 인물이 "같은 곳에 있으려면 온 힘을 다해 끊임없이 달려야 해"라고 말하는 데서 따왔다.

집단 면역

많은 사람이 특정 병원체에 대한 면역을 얻으면, 그 병원체는 집단에서 유행하지 못해 결국 사라져버린다.

여태까지 사람에게 전염되는 병 가운데 천연두를 제외한 다른 감염병은 여전히 사라지지 않고 남아 있다. 감염병이 종식되려면 몇 가지 조건이 필요하다.

사람이 걸리는 수많은 감염병 중에서 **오직 천연두만 종식된 이유**는 집단 면역을 얻기가 그만큼 어렵기 때문이다.[2]

병원체는 독성이 약해질까?

감염병의 원인인 병원체는 숙주를 죽여버리면 자신도 죽게 되므로 점점 독성이 약해진다는 가설이 있다. 그러나 실제로는 예측하기 어렵다.

한 예로 1990년대 이전, 병원체가 코로나바이러스의 일종인 돼지 유행성 설사병이 유럽에서 유행했을 당시, 이 병은 치사율이 낮은 병이었다. 그런데 2000년대 이후 아시아를 중심으로 유행했을 때는 생후 10일 이내의 새끼 돼지에서 치사율이 100% 가까이 올라가, 독성이 강해진 바이러스가 유행하고 있다고 추측되었다.

이처럼 진화에는 다양한 요인이 영향을 끼치므로 **단순히 독성이 약해진다고 단언하기는 어렵다.**

---

2 「47. 천연두」 참조. 동물의 경우, 2011년에 유엔식량농업기구는 소가 걸리는 병인 우역이 지구에서 사라졌다고 선언했다.

77

사람의 유전자에 영향을 주는 바이러스

바이러스는 생물을 온갖 질병에 걸리게 하고, 때로는 생물의 생존까지도 위협한다. 하지만 바이러스가 '생물 진화의 원동력'이라는 사실이 차츰 드러나고 있다.

유전자 속 바이러스

최근 진화 그 자체에 바이러스가 관여했다고 보이는 몇 가지 사례가 밝혀졌다.

사실 우리 인간의 유전자 중 약 8~10%는 바이러스에서 유래한 유전자(내재성 바이러스 배열이라고 한다)라고 한다. 이 내재성 바이러스 배열의 주요 공급자는 **RNA바이러스**이다. RNA를 유전 물질로 이용하는 바이러스 가운데 HIV를 비롯한 **레트로바이러스**는 '역전사 효소'를 보유하므로, DNA 속에 자기 유전자를 전사할 수 있다.[1]

HIV의 경우, DNA에 자기 유전자를 써넣은 뒤 휴면하는 방법으로 면역 체계의 공격에서 빠져나가는 듯하다.

체세포의 DNA에 바이러스가 써넣은 변경 사항은 그 대(代)에서만 효력을 발휘하지만, 드문 확률로 그 유전자가 생식 세포에 들어가면 세대를 뛰어넘어서 보존된다.

---

1 보통 유전 정보는 DNA→RNA→단백질의 한 방향으로만 전달된다. 그러나 레트로바이러스는 역전사 효소로 숙주인 DNA에 자기 유전 정보를 집어넣을 수 있다.

RNA의 다채로운 기능

중심 원리라는 생물학 개념이 있다. DNA가 유전자 본체고, DNA가 RNA에 전사되어 단백질을 합성하는 이 흐름만이 유전자 발현의 본능이며 역방향은 없다는 가설이다.

사실은 최근 전사 도중 전달 과정에서만 기능한다고 알려진 RNA가 DNA에 의한 유전 외에도 다양한 역할을 한다는 것이 차츰 밝혀지고 있다.

인간 유전자의 전체 지도를 그리겠다는 목적에서 시작된 인간 게놈 프로젝트의 개요판에 따르면, 보고된 인간 게놈 중에 단백질을 암호화하는 DNA는 고작 1~2%에 불과했다. 52.5%의 염기 서열은 명확하지 않으며 아무 기능이 없다고 여겨졌다. 그러나 2005년에 게놈 DNA의 80%가 RNA에 전사된다는 사실이 밝혀졌다.

전사되었는데도 그곳에서 어떤 단백질이 만들어지는지 알 수 없는 RNA를 '비암호화 RNA(ncRNA)'라고 한다.

이 ncRNA에는 과거에 감염된 레트로바이러스 등에서 유래한 것이 무수히 많이 있으며, ncRNA의 일부는 세포의 다능성 획득이나 조절 작용에 관여한다는 사실이 차츰 명확해지고 있다. 즉 다세포생물이 발생하거나 분화하는 일부 과정에서 바이러스의 유전자를 이용하는 것이다.

태반과 바이러스

포유류가 진화 과정에서 획득한 '태반'은 상당히 독특한 기관이다.

태반은 본래 서로 다른 개체인 태아의 탯줄(제대)과 엄마의 자궁벽이 합쳐진 기관으로 영양분과 가스 교환을 담당한다.

태반을 만들 때 포유류는 신시틴이라는 단백질을 분비한다. 이 단백질은 엄마와 태아의 세포를 융합하는 매우 독특한 역할을 한다. 신시틴의 유전자는 레트로바이러스에서 유래했으며, 바이러스가 세포에 침입할 때 사용하는 단백질 유전자를 이용한다고 추측된다.

태반의 형태와 기능은 포유류마다 다르지만, 최근 이 태반의 기능을 획득하는 데 다양한 내재성 레트로바이러스가 관여한다는 사실이 드러났다.

포유류의 태반은 각양각색이므로, 포유류에 속하는 동물은 독자적으로 바이러스 유전자를 획득하고 진화해왔는지도 모른다.

또 RNA가 학습이나 기억과 관련된 기능을 일부 물려받았을 가능성도 제기되었다.

생명 기능의 복잡성은 이제 막 해명되기 시작했다.

78 새로운 생활양식과 과학기술의 발전

신종 코로나바이러스 감염증이 전 세계에서 유행하면서 '새로운 생활'로 전환하려는 움직임이 나타났다. 문화와 문명, 그리고 감염병은 어떤 관계를 맺어왔을까?

감염병과 공동체

감염병이 다른 사람에게 전염되려면 감염된 기간 내에 감염되지 않은 사람과 만나야 한다. 커다란 공동체가 생기면 그만큼 쉽게 감염되므로 **문명이 발달하여 대도시가 생기면 감염병이 쉽게 전파된다.** 메소포타미아문명과 이집트문명 시대에 이미 역병이 돌았다는 기록이 있고, 기원전 12세기 고대 이집트를 통치했던 람세스 5세의 미라에는 천연두에 걸린 흔적이 남아 있다.

감염병과 동물

동물과 인간에게 공통으로 발병하는 수많은 **인수 공통 감염병**이 있다. 동물을 가축이나 반려동물로 키우게 되면서 수많은 감염병이 인간 사회에 유입되었다.

페스트는 쥐에 감염된 균이 벼룩 등을 통해 인간에게 퍼져 유행했고, 천연두와 홍역은 소나 개에서, 인플루엔자는 물새나 돼지에서 인간에게 전염되었다.

현재 열대 우림 파괴와 환경 악화로 사람들이 생활 터전을 옮기게 되면서 다른 생물이 보유한 바이러스가 인간 세계에 유입될 가능성이 더욱더 커지고 있다.

신종 코로나바이러스 감염증도 그중 하나로, 이는 자연과 인간의 관계가 변화한다는 상징일지도 모른다.

감염병과 무역

어느 사회에서 감염병이 퍼지면 면역을 얻은 사람이 늘어나 감염병이 쉽게 퍼지지 않는다. 또 감염병 중에는 어린아이가 걸리면 가볍게 앓고 지나가지만, 고령자가 감염되면 중증화하기 쉬운 질환도 있다.

유럽 사람이 아메리카 대륙에 퍼뜨린 천연두는 원주민의 생활에 치명적인 타격을 주었다. 반대로 아이티의 풍토병이었다가 유럽으로 퍼진 매독은 무역이 활발해지면서 일본에까지 전해졌다. 기록에 따르면 매독은 1512년에 전파되었다고 한다.

오늘날에는 항공기의 발달 덕분에 세계적 규모의 네트워크가 구축되어 있으므로 잠복기가 길거나 무증상자가 많은 감염병은 제어하기가 매우 어렵다. 신종 코로나바이러스 감염증은 이러한 빈틈을 교묘하게 노리고 인간 사회에 파고들었다.

감염병과 새로운 생활

감염병이 발생할 때마다 우리의 생활양식은 변화했다. 쓰레기 분리수거는 1883년에 페스트가 유행하면서 프랑스에서 시작되었고, 상하수도 또한 19세기 말에 콜레라 유행을 막기 위한 목적으로 보급되었다.

신종 코로나바이러스 감염증을 예방하기 위해 서구에서는 포옹과 키스를 자제하고, 악수 대신 '엘보 범프'라고 하여 팔꿈치를 부딪쳐 인사하는 사람이 늘어났다.

외출할 때 마스크를 쓰는 습관은 대개 일부 아시아인만의 습관으로, 이제껏 서구에서는 이런 습관을 기이하게 여겼다. 마스크는 주변에 병원체를 퍼뜨려서는 안 되는 중증 감염자가 외출할 때 쓰는 물건이므로, 반드시 마스크를 써야 하는 사람이 외출하는 것 자체를 몰상식한 행동이라고 여긴 것이다.

그러나 코로나19 사태로 마스크를 쓰면 감염률이 크게 낮아진다는 사실이 밝혀지면서, 이제 마스크 착용은 당연하게 받아들여졌다. 앞으로도 감염병이 유행할 때마다 그 영향으로 우리의 생활 습관과 행동은 크게 변화할 것이다.

감염병과 과학기술

감염병과 과학기술의 관계도 크게 변화하는 중이다.

최근 mRNA 백신이나 바이러스 벡터 백신 등, 실용화에 10년 이상 걸릴 것으로 예상했던 백신이 잇달아 실용화되었다.

바이러스 벡터 백신은 병원성이 없는 바이러스에 항원이 되는 물질의 유전자(신종 코로나바이러스의 경우 스파이크라고 하는 테두리의 돌기 부분)를 집어넣어서 감염된 세포에 오직 항원만 만들게 하는 시스

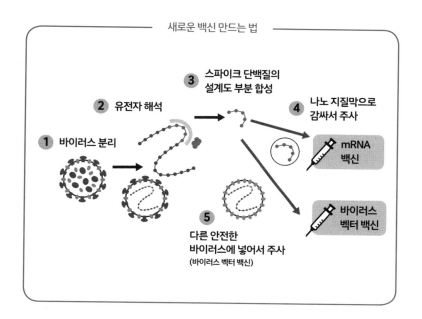

새로운 백신 만드는 법

1 바이러스 분리

2 유전자 해석

3 스파이크 단백질의 설계도 부분 합성

4 나노 지질막으로 감싸서 주사
mRNA 백신

5 다른 안전한 바이러스에 넣어서 주사
(바이러스 벡터 백신)
바이러스 벡터 백신

템이다. 새로운 백신이므로 반복해서 추가 접종할 수 있는지 불확실하기는 하지만, 위기 상황에 신기술이 잇달아 실용화되는 것은 다행스러운 일이다. 하지만 코로나를 기회로 실내 제균 제품 등 효과도 없는 어중간한 상품이 덩달아 팔리고, 제대로 공부하지 않은 대중매체가 효과를 검증하지도 않고 불안을 부채질하는 것은 문제가 있다.

과학과 적절한 거리를 유지하는 방법, 일반 시민에게 정보를 제공하는 방식 또한 신종 코로나바이러스 감염증을 계기로 크게 바뀌어야 하지 않을까.

농작물 감염병

동물뿐 아니라 식물도 미생물에 감염되어 병에 걸린다. 식물이 걸리는 병의 원인은 곰팡이(사상균)가 70~80%를 차지하며, 그 밖에 세균, 바이러스 등도 병원체가 된다.

대기근이 닥친 아일랜드의 비극

오늘날 우리는 주식으로 쌀, 보리, 옥수수 다음으로 감자를 많이 먹지만, 감자가 세계 각지에 심어진 지는 그리 오래되지 않았다. 16세기 대항해 시대 때 남아메리카에서 유럽으로 건너간 감자는 오랜 시간이 지난 18세기 이후에야 유럽 전역에 보급되었고 인구 증가에 공헌했다.

아일랜드에서는 사정이 있어 대부분의 소작인이 생산성 높은 작물을 겨우 한 가지만 재배했다. 그 작물이 바로 감자였다.

그런데 감자가 잎과 줄기가 썩는 감자 역병균에 감염되어 1846~1847년에 기근이 닥쳤고, 그 결과 75만~100만 명이 굶어 죽었다. 살아남은 사람도 대부분 생활이 궁핍해졌으므로, 100만 명이 넘는 아일랜드인이 조국을 떠나 미국이나 오스트레일리아로 건너갔다.

대서양을 건넌 아일랜드인 중에는 1961년 미국 대통령에 당선된 존. F. 케네디의 선조도 있었다.

벼농사 농가의 기나긴 싸움의 역사, 도열병

일본에서는 벼가 걸리는 병, 즉 도열병이 가장 큰 피해를 냈다.

도열병의 원인균은 곰팡이의 일종인 도열병균으로, 벼 전체에 병반이 나타난다. 특히 이삭이 패기 시작할 무렵에 이 병에 걸리면, 본래 종자에 축적되어야 할 영양분이 공급되지 않아 이삭이 여물지 않는다.

　도열병을 막는 농약이 개발되었지만 농약에 내성을 보이는 균도 생겨났으므로, 농가에서는 질소 비료를 적당히 주고 세균의 온상이 되기 쉬운 겨를 일찍 치우는 등으로 도열병에 대처한다.

미니 텃밭을 가꿀 때 경험하기 쉬운 흰가룻병

화분에 방울토마토 등을 재배하다 보면 갑자기 잎이 새하얗게 되어 시들시들해질 때가 있다. 이 병은 흰가룻병이라는 감염병이다.

　주요 원인균은 흙이나 낙엽 속에 숨은 사상균이라는 곰팡이로, 이 포자가 흩어져서 잎에 붙으면 증상이 나타난다. 건조하면 멀리 퍼지므로 식물에는 물을 꼬박꼬박 주어 포자가 떠다니지 않게 해야 한다.

　발생한 지 얼마 안 되었다면 전용 약물로 균의 증식을 멈출 수 있으니, 평소 잎을 꼼꼼히 관찰하자. 늦게 발견하면 균이 점점 증식하여 피해가 커진다.

문헌

- acquelyn G.Black『ブラック微生物学 第 3 版 (原書 8 版)』丸善出版 , 2014
- R.Y. スタニエ 他『微生物学　入門編』培風館 , 1980
- 青木眞『レジデントのための感染症診療マニュアル 第 4 版』医学書院 , 2020
- 池内昌彦・伊藤元己 他監訳『キャンベル生物学 原書 11 版』丸善出版 , 2018
- 巌佐庸・倉谷滋 他編『岩波 生物学辞典 第 5 版』岩波書店 , 2013
- 石弘之『感染症の世界史』KADOKAWA, 2018
- 岡田晴恵 監修『感染症キャラクター図鑑』日本図書センター , 2016
- 岡田春恵『怖くて眠れなくなる感染症』PHP 研究所 , 2017
- 加藤茂孝『人類と感染症の歴史』丸善出版 , 2013
- 加藤茂孝『続・人類と感染症の歴史』丸善出版 , 2018
- 金子光延『こどもの感染症』講談社 , 2008
- 神谷茂 監修『標準微生物学 第 14 版』医学書院 , 2021
- 神山恒夫『これだけは知っておきたい人獣共通感染症』地人書館 , 2004
- 左巻健男 編著『図解　身近にあふれる「微生物」が 3 時間でわかる本』明日香出版社 , 2019
- 左巻健男 編著『世界を変えた微生物と感染症』祥伝社 , 2020
- ソニア・シャー『人類五〇万年の闘い マラリア全史』太田出版 , 2015
- 竹田美文『感染症半世紀』アイカム , 2008
- 竹田美文 監修『身近な感染症 こわい感染症』日東書院本社 , 2015
- 中島秀喜『感染症のはなし』朝倉書店 , 2012
- 永宗喜三郎・島野智之・矢吹彬憲 編『アメーバの話 ―原生生物・人・感染症―』朝倉書店 , 2018
- 日経サイエンス編集部 編『感染症 新たな闘いに向けて』日本経済新聞出版 , 2012
- 日経メディカル 編『グローバル感染症 必携 70 疾患のプロファイル』日経 BP, 2015
- 長谷川武治 編著『改訂版　微生物の分類と同定 （下）』学会出版センター , 1985
- 南嶋洋一・吉田真一 他『微生物学　疾病のなりたちと回復の促進〈4〉』医学書院 , 2009
- 宮治誠『人に棲みつくカビの話』草思社 , 1995
- 『世界大百科事典 （CD−ROM 版）』平凡社 , 1998
- 『南山堂医学大辞典』南山堂 , 2015

논문 · 기사

- 尾内一信『我が国における輸入感染症の動向』"日本内科学会雑誌" 105 巻 11 号 , 2016
- 大西健児『クリプトスポリジウム症』"小児科臨床" Vol.70 増刊号 , 2017
- 加藤康幸『黄熱』"小児科診療" 2018 年 4 号 , 2018
- 後藤哲志『市中感染下痢症と旅行者下痢症の動向』"日本大腸肛門病会誌" 71, 2018
- 齊藤剛仁、大石和徳『海外由来の腸管感染症の 実態と問題点』"日本内科学会雑誌" 105 巻 11 号 , 2016
- 須崎愛『渡航者感染症』"日大医誌" 76(1) , 2017
- 西村悠里『マイコプラズマ感染症・肺炎』"医療と検査機器・試薬" 41 巻 3 号 , 2018
- 的野多加志『腸チフス・パラチフス』"臨床検査" vol.62 no.12, 2018
- 森田公一『日本脳炎』"臨床とウイルス" Vol.45 No.5, 2017

웹사이트

- 「疾患名で探す感染症の情報」(国立感染症研究所)

  https://www.niid.go.jp/niid/ja/diseases/373-diseases-list.html
- 「感染症情報」(厚生労働省)

  https://www.mhlw.go.jp/stf/seisakunitsuite/bunya/kenkou_iryou/kenkou/kekkaku-kansenshou/index.html
- 「令和 2 年版 厚生労働白書」(厚生労働省)

  https://www.mhlw.go.jp/wp/hakusyo/kousei/19/dl/2-08.pdf
- 「感染症情報」(東京都感染症情報センター)

  http://idsc.tokyo-eiken.go.jp/diseases/

*번호는 집필 담당 항목이며, 직책은 원고 집필 당시의 것이다.

아오노 히로유키(Tanobara.net 대표)

제2장: 16   제4장: 29~33, 38   제7장: 칼럼③

오시마 오사무(군마현 오타시립야부즈카혼마치중학교 교사, 전 오타시립사와노츄오초등학교 교장)

제2장: 17, 18   제4장: 28, 39   제5장: 40~42, 44

사마키 다케오(도쿄대학교 비상근 강사, 전 호세이대학교 교수)

제1장: 02~07, 칼럼①   제2장: 13~15, 19, 20

제3장: 21~22, 25, 26   제4장: 칼럼②   제7장: 64, 70, 72

다마노 신지(입시학원 강사, 메이죠대학교 비상근 강사)

제3장: 23, 24   제5장: 45, 46   제6장: 48, 50, 55   제8장: 76

후지마키 아키라(이바라키현립나미키중등교육학교 상근 강사, 호세이대학교 겸임 강사)

제4장: 37   제6장: 54, 57   제7장: 66~69

마스모토 데루키(가메다의료대학교 준교수)

제1장: 01, 09   제2장: 10~12   제6장: 60, 61

제8장: 74, 75, 77, 78

야스이 미쓰쿠니(무로란공업대학교 준교수)

제3장: 27   제6장: 47, 58   제7장: 62, 63

요코우치 다다시(나가노현마쓰모토시립하타중학교 교사)

제4장: 34~36   제6장: 51~53   제8장: 73

와다 시게오(일본약학대학교 교수)

제1장: 08   제5장: 43   제6장: 49, 56, 59   제7장: 65, 71